Dr. Stefan Wohlleben

Grundlagen von Zeitwertkonten

Einführung in die Praxis
nach Flexi II

Achalm
Wissenschafts
Verlag

Dr. Stefan Wohlleben

Grundlagen von Zeitwertkonten

BIBLIOGRAFISCHE INFORMATION DER DEUTSCHEN NATIONALBIBLIOTHEK

Die Deutsche Nationalbibliothek verzeichnet diese Publikation in der Deutschen Nationalbibliografie; detaillierte bibliografische Daten sind im Internet über www.dnb.de abrufbar.

ISBN: 978-3-942544-15-3
ISBN eBook: 978-3-942544-18-4

Dr. Stefan Wohlleben
Grundlagen von Zeitwertkonten
Einführung in die Praxis nach Flexi II

I. AUFLAGE 2015

Gustav-Groß-Straße 83
72764 Reutlingen
07121-33 92 21

info@achalmwissenschaftsverlag.de
www.achalmwissenschaftsverlag.de

Gestaltung Umschlag, Satz:
Joschka Wolf, media creation
http://www.jottw.de

PRINTED IN GERMANY.

Tabellenverzeichnis

Abbildungsverzeichnis

Abkürzungsverzeichnis

AG	Arbeitgeber
AGZWK	Arbeitsgemeinschaft Zweitwertkonten e.V.
AN	Arbeitnehmer
AV	Anlagevermögen
bAV	betriebliche Altersvorsorge
BetrAVG	Betriebsrentengesetz
BetrVG	Betriebsverfassungsgesetz
BFH	Bundesfinanzhof
BGB	Bürgerliches Gesetzbuch
BMAS	Bundesministerium für Arbeit und Soziales
BMF	Bundesministerium für Finanzen
BVV	Beitragsverfahrensverordnung
BW	Baden-Württemberg
DRV	Deutsche Rentenversicherung
DV	Direktversicherung
EStG	Einkommensteuergesetz
FK	Fremdkapital
GGF	Gesellschafter-Geschäftsführer
HGB	Handelsgesetzbuch

IAB Institut für Arbeitsmarkt- und Berufsforschung

IDW Institut der Wirtschaftsprüfer

KMU kleine und mittlere Unternehmen

LAZ Lebensarbeitszeitkonto

LStDV Lohnsteuerdurchführungsverordnung

MINT Maschinenbau, Informatik, Naturwissenschaft, Technik

SGB Sozialgesetzbuch

SV Sozialversicherung

SvEV Sozialversicherungsentgeltverordnung

TzBfG Teilzeit- und Befristungsgesetz

ZWK Zeitwertkonto

RP Rheinland-Pfalz

RV Rentenversicherung

1 Einleitung und Problemstellung

„Wann wollen Sie in Rente gehen?“ Auf diese Frage werden Sie fast nie als Antwort „Mit 67!“ erhalten. Die Arbeitnehmer wollen früher in den Ruhestand gehen, sei es, weil die körperliche Belastung der Arbeit oder der psychische Druck durch zunehmende Arbeitsverdichtung mit fortschreitendem Alter als zu groß empfunden wird oder weil sie „einfach noch etwas vom Leben haben wollen“. Aktuelle Statistiken zeigen, dass der Wunsch nach vorzeitigem Ruhestand auch in die Tat umgesetzt wird, auch wenn in den letzten Jahren ein langsamerer Anstieg des Renteneintrittsalters zu verzeichnen ist.

Gleichzeitig ist seit Jahren ein gesellschaftlicher Wandel im Hinblick auf eine vermehrte Berufstätigkeit und zunehmend höhere Bildungsabschlüsse von Frauen festzustellen. Heute gibt es z.B. mehr weibliche als männliche Absolventen eines Medizinstudiums, mehr Mädchen als Jungen an Gymnasien und weniger an Hauptschulen. Häufig wird das traditionelle Rollenbild – der Mann arbeitet, die Frau erzieht die Kinder – in eine Partnerschaft mit zwei Erwerbstätigen umgewandelt und mehr Männer als früher nutzen die Möglichkeiten einer Elternzeit. Gerade in Familien mit zwei Erwerbstätigen wird daher nach Lösungen gesucht, um Beruf und Kindererziehung zu vereinbaren.

Parallel hierzu wird unsere Gesellschaft immer älter und es mangelt nicht nur in sogenannten MINT-Berufen schon heute an Fachkräften. Dieser Trend wird sich fortsetzen, wodurch auch Regionen bzw. Branchen, die heute noch nicht direkt einen Mangel an gut ausgebildeten Fachkräften spüren, zunehmend einem Wettbewerb um knappe Arbeitskräfte ausgesetzt werden. Erfolgreiche Arbeitgeber werden daher auch die Belange von beruflich erfolgreichen Frauen stärker berücksichtigen müssen. Gleichzeitig werden Arbeitgeber auf das Know-how ihrer älteren Mitarbeiter stärker zurückgreifen müssen, d.h. sie werden versuchen, die Mitarbeiter möglichst lange im Betrieb zu halten. Demgegenüber steht die Tatsache, dass die Mitarbeiter nicht bis 67 arbeiten wollen und wie heute weiterhin früher in Rente gehen werden.

Auch wenn die angesprochenen Herausforderungen differenzierte Lösungsstrategien brauchen, so kann die Einrichtung eines Zeitwertkontos bei allen oben genannten Problemen ein Teil der Lösung sein. Durch ein Zeitwertkonto können die Mitarbeiter früher ohne Rentenabschläge in Ruhestand gehen. Gleichzeitig hat der Arbeitgeber aber auch durch intelligente Teilzeitvereinbarungen die Möglichkeit, die Mitarbeiter doch bis 67 im Betrieb zu halten und so möglichst lange ihr Wissen und Können zu nutzen. Die Einrichtung von Zeitwertkonten ist heute für alle Betriebe durch standardisierte Modelle relativ einfach und ohne großen administrativen Aufwand zu handhaben. Gerade kleinere und mittlere Betriebe können dieses Instrument nutzen, um ihre eigene Attraktivität als Arbeitgeber zu erhöhen.

Durch die Einführung des Flexi II Gesetzes[1] im Jahr 2009 haben sich die Rahmenbedingungen für Zeitwertkonten wesentlich vor allem hinsichtlich der Sozialversicherungsbeiträge, der Abgrenzung zu Überstundenkonten, der Ablösung von „Zeitkonten" durch „Geldkonten", dem Insolvenzschutz und den Vorruhestandregelungen verändert. Die bisherige Altersteilzeit mit zusätzlichen Aufstockungsbeiträgen und staatlicher Förderung wurde durch den Gesetzgeber für Neuverträge eingestellt, um so der Frühverrentungspraxis zu begegnen. Dennoch können mit Neuverträgen über Zeitwertkonten flexible Vorruhestandsregelungen geschaffen werden.

Viele Mitarbeiter wünschen sich heute eine bessere Vereinbarkeit von Beruf und Familie oder möchten nach einigen Jahren Berufstätigkeit durch eine Fortbildung, sei es auf der Meisterschule oder als ein Studium, zusätzliche Qualifikationen erwerben. Hierfür bietet ein Zeitwertkonto durch die Wertguthabenverwendung für eine Finanzierung der Elternzeit oder ein Sabbatical eine Lösung an.

Vor allem aber für die Vorruhestandsplanung oder für einen weichen Übergang in die Rente bietet ein Zeitwertkonto beste Voraussetzungen. Wichtig ist, dass ein junger Mitarbeiter nicht bis zum 50. Lebensjahr mit dem Ausbau des Wertguthabens wartet, sondern frühzeitig ab Mitte 30 z.B. fünf Prozent seines Einkommens „zur Seite legt". Mit einer langen Spardauer können auch bei einem geringen Zinsniveau einige Jahre Vorruhestand finanziert werden. Von großem Vorteil für die Angestellten ist die Tatsache, dass aus dem Bruttogehalt gespart werden kann und somit die Liquiditätsbelastung signifikant geringer als die Einzahlung ins Wertguthaben ist, dass Verlustrisiken praktisch ausgeschlossen

1 *Flexi II (2008): Gesetz zur Verbesserung der Rahmenbedingungen für die Absicherung flexibler Arbeitszeitregelungen und zur Änderung anderer Gesetze*

sind und dass das Wertguthaben bei einem Arbeitgeberwechsel unter bestimmten Voraussetzungen auf den Folgearbeitgeber oder die Deutsche Rentenversicherung übertragen werden kann.

Die genannten Vorteile werden dazu beitragen, dass sich Zeitwertkonten vor allem in kleinen und mittleren Betrieben verbreiten werden und in weitere Tarifverträge einfließen.

Im Rahmen dieser Arbeit sollen im ersten Abschnitt die grundlegenden arbeits- und sozialversicherungsrechtlichen Rahmenbedingungen und die steuerliche Behandlung von neuen Zeitwertkonten, also neu eingerichtete Zeitwertkonten nach Inkrafttreten von Flexi II, dargestellt werden.

Im zweiten Teil wird an einem konkreten Beispiel gezeigt, wie die im ersten Teil genannten Vorschriften bei der Einrichtung von Zeitwertkonten in einer GmbH mit ca. 100 Mitarbeitern in die Praxis übertragen werden können. Damit kann diese Arbeit nicht nur für die Personalabteilung der beschriebenen GmbH nützlich sein, sondern für alle Leser, die sich einen Überblick über das Thema Zeitwertkonten nach der Einführung von Flexi II verschaffen wollen.

2 Gründe für die Einführung von Zeitwertkonten

Die Einführung eines betrieblichen Zeitwertkontos hat für den Arbeitnehmer und den Arbeitgeber eine Reihe von immer wichtiger werdenden Vorteilen.

Die Arbeitnehmer haben durch die Teilnahme an einem betrieblichen Zeitwertkonto (ZWK) die Möglichkeit, sich finanzielle Rücklagen für verschiedene Freistellungszwecke (Elternzeit, Pflegezeit, Sabattical, Vorruhestand, Teilzeitarbeit) aufzubauen. Wichtig ist in diesem Zusammenhang, dass der Arbeitnehmer während der Freistellung seine soziale Absicherung aufrechterhält.

Gerade im Zusammenhang mit der Einführung der Rente mit 67 im Jahr 2007[2] wird eine praktikable Vorruhestandsregelung für viele Arbeitnehmer immer interessanter werden. Durch die schrittweise Anhebung des Renteneintrittsalters müssen die Mitarbeiter länger arbeiten, damit Sie ohne Abschläge gesetzliche Altersrente beziehen können. Auch wenn das mittlere Renteneintrittsalter für Männer von 62,3 im Jahr 1997 auf 63,9 im Jahr 2011 angestiegen ist[3] und dieser Trend sich noch etwas fortsetzt, so wird vermutlich die Lücke zwischen dem tatsächlichen Renteneintritt und der gesetzlichen Regelaltersgrenze wieder zunehmen. Die entstehenden Rentenabschläge (3,6 % p.a.) können durch ein Vorruhestandsmodell im Rahmen eines ZWK ausgeglichen werden. Ein weiterer Vorteil ist, dass ein Vorruhestand über ein so genanntes Blockmodell (vollständige Freistellung der letzten Berufsjahre) oder durch eine Teilfreistellung nach dem Teilzeit- und Befristungsgesetz organisiert werden kann. Bei dieser Variante kann der Arbeitgeber während der Teilfreistellung einen jüngeren Mitarbeiter einarbeiten, wodurch wichtiges Spezialwissen nicht verloren geht oder bestehende Kundenkontakte fließend auf den jüngeren Arbeitnehmer übertragen werden können.

Für Arbeitnehmer besteht der wesentliche Unterschied zu einem privaten Kapitalaufbau darin, dass die Einzahlung in das ZWK im Zuge einer

2 *Vgl. RV-Altersgrenzenanpassungsgesetz (2007)*

3 *Vgl. DRV Bund (2012): DRV Schriftenreihe 22, S. 140*

Entgeltumwandlung aus dem Bruttogehalt erfolgt. Damit sind höhere Einzahlungen und folglich auch ein höherer Zinseszinseffekt möglich. Werden vom Arbeitgeber die o.g. Freistellungsmöglichkeiten angeboten, so besteht die Möglichkeit Beruf und private Gegebenheiten besser miteinander in Einklang zu bringen (Work-Life-Balance), was vielen Berufseinsteigern der „Generation Y“[4] mit akademischer Ausbildung bei der Arbeitgeberauswahl wichtiger ist als ein hohes Einstiegsgehalt oder ein attraktiver Unternehmensstandort.[5]

Für Arbeitgeber stellen ZWK vor allem ein personalpolitisches Instrument dar. Zum einen besteht in Deutschland zunehmend ein Mangel an höher qualifizierten Arbeitnehmern. Auch wenn nicht generell von einem bundesweiten Mangel z.B. an Ingenieuren gesprochen werden kann, so gibt es doch ein Defizit in bestimmten Sparten (z.B. Maschinenbau- und Elektroingenieure)[6], der vor allem in den Ballungszentren immer deutlicher wird.[7] Zunehmend wird auch über einen Engpass an Facharbeitern berichtet.[8] In dieser sich entwickelnden Konkurrenzsituation wird es für die Arbeitgeber immer wichtiger, dass sie ihren aktiven und potentiellen Mitarbeitern ein attraktives Angebot machen, wozu auch die o.g. Möglichkeiten zu einem Sabattical oder zum Vorruhestand zählen. Gerade für KMUs wird es in Zukunft immer wichtiger, dass sie sich im Wettbewerb mit großen und vermeintlich attraktiven Arbeitgebern so positionieren, dass sie im „War for Talents“ erfolgreich bleiben. Da für ca. 30 % der Arbeitnehmer betriebliche Vorsorgemaßnahmen sehr wichtig oder wichtig bei der Arbeitgeberauswahl sind, kann ein Arbeitgeber durch das Angebot von ZWK seine Attraktivität steigern.[9]

4 *Vgl. Sonnet, C. (2012): Generation Y-Mehr Leichtigkeit im Arbeitsleben. www.karriere.de*

5 *Vgl. Werle, K. (2012): Traum künftiger Manager-Mehr Geld für weniger Arbeit. www.Spiegel.de*

6 *Vgl. Biersack, W. et al. (2008): IAB Kurzbericht 18/2008*

7 *Vgl. Zamponi, R. (2010): Hamburg droht Akademiker Mangel. www.abendblatt.de*

8 *Vgl. Öchsner, T. (2013): Facharbeiter verzweifelt gesucht. Süddeutsche Zeitung vom 7.5.2013*

9 *Vgl. Fidelity (2007): Ergebnisse der Umfrage zum Thema Zeitwertkonten und betriebliche Altersvorsorge. www.dia-vorsorge.de*

Ein weiterer Grund für Arbeitgeber zur Einführung von ZWK für den Vorruhestand kann die vorzeitige „Verrentung" von älteren Arbeitnehmern direkt vor der gesetzlichen Rente sein. In der Regel haben ältere Arbeitnehmer ein höheres Krankheitsrisiko und verursachen damit mehr Fehltage und höhere Kosten, wodurch ein Arbeitgeber auch ein Interesse an einem Vorruhestand haben könnte.

Genau die gegenteilige Sichtweise kann sich ein Arbeitgeber aber auch zu Eigen machen, indem er versucht durch ein Altersteilzeitmodell besonders qualifizierte Arbeitnehmer möglichst lange im Betrieb zu halten.

In Großunternehmen wurden in der Vergangenheit Zeitwertkonten vor allen zur Finanzierung des Vorruhestands und zur flexibleren Gestaltung der Lebensarbeitszeit eingeführt. Weitere Gründe waren auch Akquisition neuer Mitarbeiter und die Bindung der vorhandenen Mitarbeiter.[10]

Tabelle 1: Vorteile von Zeitwertkonten

Vorteile von Zeitwertkonten	
Arbeitnehmer	Arbeitgeber
Finanzierung von verschiedenen Freistellungsphasen	Höhere Attraktivität für knappe Arbeitskräfte
Bessere Vereinbarkeit von Beruf und Familie	Halten von (älteren) Arbeitskräften
Gleitender Übergang in die Rentenphase	In weiten Teilen ohne oder mit geringen Kosten verbunden
Hohe Einzahlungen durch Sparen aus dem Bruttolohn	Höhere Produktivität von älteren Arbeitnehmern durch Teilzeitarbeit
Freie Vererbbarkeit des Wertguthabens	Kleinere Unternehmen präsentieren sich als innovativer Arbeitgeber

10 *Vgl. JPMorgan Asset Management (2008): Betriebliche Vorsorgeprogramme für deutsche Konzerne immer wichtiger.*

Arbeitnehmer	Arbeitgeber
Bei vorzeitiger Auszahlung kann die steuervergünstigende Fünftelungsregelung genutzt werden	Optimierter Wissenstransfer von erfahrenen Mitarbeitern auf junge Mitarbeiter
Soziale Absicherung während der Freistellung	Indirekte Kostenersparnis durch geringere Fluktuationskosten und Anwerbekosten
Keine Rentenabschläge bei vorzeitigem Ruhestand, höhere Rente möglich	Gezielte Förderung eines früheren Renteneintritts durch AG-Zuschüsse

2.1 Verbreitung von betrieblichen Zeitwertkonten

Da jeder zweite sozialversicherungspflichtige Beschäftigte unter den Bereich des Tarifrechts fällt, haben tarifvertragliche Regelungen zu Zeitwertkonten erhebliche Auswirkung auf deren Einführung.

Von den „großen" Tarifbereichen gibt es in der Stahlindustrie, in der metallverarbeitenden Industrie, in der chemischen Industrie und im Bankengewerbe tarifliche Regelungen zu ZWK (Tab. 2).[11]

11 *Vgl. Riedmann, A. et al. (2011): Evaluation des Gesetzes zur Verbesserung der Rahmenbedingungen für die Absicherung flexibler Arbeitszeitregelungen („Flexi II"-Gesetz), BMAS, Forschungsbericht 418, S. 150 ff.*

Tabelle 2: Tarifvertragliche Regelungen zu Zeitwertkonten

Branche	Inanspruchnahme / Verwendungszweck
Deutsche Bahn	Qualifizierung und Vorruhestand
Banken	Betriebliche Regelungen: z.B. Qualifizierung und Vorruhestand
Chemie	Betriebliche Regelungen: z.B. Qualifizierung, Vorruhestand u.a. Zwecke, 300 € Demografiebetrag /AN auch für ZWK
Energieversorgung BW	Betriebliche Regelungen: z.B. Vorruhestand
Energieversorgung RP	Betriebliche Regelungen: z.B. Vorruhestand
Entsorgungswirtschaft	Nicht näher erläutert
Kautschukindustrie	Nicht näher erläutert
Keramische Industrie	Betriebliche Regelungen: z.B. Qualifizierung und Vorruhestand
Kunststoffverarbeitende Industrie Bayern	Betriebliche Regelungen: z.B. Qualifizierung und Vorruhestand
Metallindustrie BW	Betriebliche Regelungen: z.B. Qualifizierung, Elternzeit, Altersteilzeit, Vorruhestand
Metallindustrie NRW	Betriebliche Regelungen: z.B. Qualifizierung, Elternzeit, Altersteilzeit, Vorruhestand
Papierindustrie	Betriebliche Regelungen: z.B. Qualifizierung und Vorruhestand
Stahlindustrie	Finanzierung von steuer- und sozialversicherungspflichtiger Freistellung
Reisebürogewerbe	Nicht näher erläutert
Steinkohlebergbau	Nicht näher erläutert
Wohnungswirtschaft	Nicht näher erläutert

Während Arbeitszeitkonten zum Ausgleich von Arbeitszeitschwankungen innerhalb eines Jahres (sog. Gleitzeitkonten oder Überstundenkonten) in fast jedem zweiten Betrieb mit mehr als 10 Mitarbeitern vorhanden sind, haben echte Langzeitkonten bisher nur in Großbetrieben einen nennenswerten Eingang in die Praxis gefunden. Gerade bei den Betrieben mit mehr als 500 Mitarbeitern ist aber in den letzten Jahren eine deutliche Dynamik zu verzeichnen: So hat sich der Anteil der Betriebe mit Langzeitkonten von 2002 (ca. 12 % der Betriebe) bis 2010 (ca. 24 % der Betriebe) ungefähr verdoppelt. Kleinere Betriebe mit bis zu 250 Mitarbeitern vollzogen diese Aufwärtsentwicklung nicht. Hier verblieb die Verbreitung von Langzeitkonten auf einem deutlich geringeren Niveau.[12]

Tabelle 3: Verbreitung von echten Langzeitkonten in Abhängigkeit von der Betriebsgröße

Mitarbeiter-anzahl	1 - 9	10 - 49	50 - 249	250 - 499	>500
Betriebe mit Langzeitkonten (2010)	2 %	4 %	7 %	12 %	24 %

Wenn in einem Betrieb ZWK angeboten werden, so werden bei ca. der Hälfte der Betriebe bestimmte Mitarbeitergruppen (v.a. geringfügig Beschäftigte, befristet beschäftigte Arbeitnehmer und leitende Angestellte) von der Nutzungsmöglichkeit ausgeschlossen. Tatsächlich genutzt werden ZWK insbesondere von Facharbeitern oder Fachangestellten ab einem Alter von 35. Mit zunehmendem Alter steigt die Nutzungshäufigkeit nicht weiter an.

12 *Vgl. Ellguth, P. et al. (2013): IAB-Kurzbericht Nr. 3, Februar 2013*

Verwendet werden die angesammelten Wertguthaben in der Praxis nach Angaben des IAB im Mittel der Jahre 2002 bis 2010 für Sabbaticals (36 %), Familienzeiten und Arbeitszeitverkürzung (je 27 %) und Weiterbildungszeiten (20 %). Demgegenüber spricht das BMAS von einer Nutzung von Langzeitkonten für den Ruhestand (ca. 30 %), Sabbaticals (11 %), Elternzeit (5 %) und der Pflege von Angehörigen (1,5 %).

In vielen Praxisgesprächen mit Unternehmen (100 bis 500 Mitarbeiter) zur Einführung von Zeitwertkonten im Jahr 2013 stellte sich heraus, dass die Verwendung des Wertguthabens für einen Vorruhestand oder Teilzeitarbeit im Alter immer gewünscht wird. Von den anderen Freistellungsmöglichkeiten wurde „Fortbildung" ebenfalls häufig genannt.

Ein Grund für die geringe Verbreitung von ZWK ist offenbar der geringe Bekanntheitsgrad des Flexi II-Gesetzes unter Personalverantwortlichen. Gerade bei Detailfragen, z.B. zur Einrichtung von Zeitwertkonten, zum Vorgehen beim Ausscheiden von Arbeitnehmern oder zur Kapitalanlage scheint das Fachwissen nicht weit verbreitet zu sein. Auch herrscht Unsicherheit in Bezug auf den Insolvenzschutz und die generellen gesetzlichen Vorgaben.

3 Grundfunktion von Zeitwertkonten

Zeitwertkonten dienen grundsätzlich dem Aufbau eines Wertguthabens (Kapitalstocks), um damit eine spätere Freistellungsphase des Arbeitnehmers bei einem weiterlaufenden Beschäftigungsverhältnis zu finanzieren. Der Aufbau des Wertguthabens erfolgt durch Einzahlungen aus dem Bruttogehalt des Arbeitnehmers und / oder durch Beiträge des Arbeitgebers. Ein prinzipieller Verlauf des Aufbaus und Abbaus eines Wertguthabens für eine Vorruhestandsfinanzierung wird in Abbildung 1 gezeigt. Möglich wäre generell auch eine weitere Freistellungsphase mit dem Abbau des Wertguthabens z.B. für ein Sabattical oder eine Elternzeit. Es bestehen keine direkten Vorschriften über die Höhe der Einbringung, die Länge der Einzahlungs- und Entnahmephase.

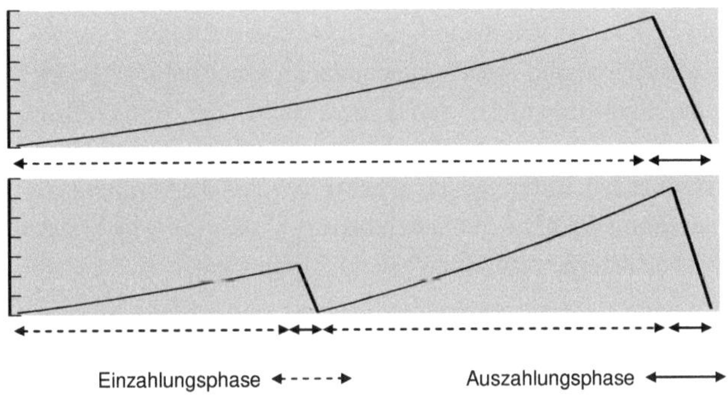

Abbildung 1: Grundsätzlicher Aufbau und Abbau des Wertguthabens bei ein oder zwei Freistellungsphasen, Quelle: Eigene Darstellung

Denkbar und in der Praxis anzutreffen sind auch Modelle mit einer kurzen Einbringungsphase von z.B. sechs Jahren und relativ hohen Einbringungsbeträgen für die Finanzierung einer Vorruhestandsphase von z.B. zwei Jahren.

Prinzipiell ist auch eine umgekehrte Reihenfolge rechtlich zulässig: Zunächst wird eine Freistellungsphase vorfinanziert (z.B. für eine Fortbildung) und nach Ende der Freistellung wird das „negative" Wertguthaben durch die Einbringung von Entgelt wieder ausgeglichen. Da hier der Arbeitgeber in Vorleistung geht und der Einstieg in die Wertguthabenvereinbarung mit einer Auszahlung ohne vorherige Eigenleistung des Arbeitnehmers beginnt, ist dieses Modell in der Praxis eher selten zu finden. Damit ein ZWK für die Mitarbeiter eingerichtet werden kann, ist eine schriftliche Vereinbarung zwischen Arbeitnehmer und Arbeitgeber notwendig. In ihr wird auch festgelegt, ob z.B. Überstunden eingebracht werden können und wie das Wertguthaben gegen eine Insolvenz des Arbeitgebers gesichert wird. Zeitwertkonten dienen ausdrücklich nicht dem Ausgleich von täglichen oder wöchentlichen Arbeitszeiten oder von Produktionsspitzen (§ 7b SGB IV), sondern nur für längerfristige Freistellungszwecke von mehr als einem Monat (§7 Abs. 1a SGB IV).

3.1 AUFBAUPHASE

Generell kann für jeden Mitarbeiter, der nach § 1 LStDV ein Arbeitnehmer ist, ein ZWK eingerichtet werden.[13] Unter § 1 LStDV fallen alle abhängig beschäftigten und weisungsgebundenen Arbeitnehmer. Da im § 1 LStDV keine Differenzierung nach der Entgelthöhe oder der SV-Pflicht vorgenommen wird, kann ein ZWK auch für geringfügig Beschäftige eingerichtet werden. Allerdings ist zu beachten, dass die Mindestauszahlung aus dem ZWK 450 € monatlich betragen muss (SV-Pflicht), es sei denn es lag vorher eine geringfügige Beschäftigung vor.[14]

Im Gegensatz zum Geltungsbereich des § 17 Abs.1 BetrAVG sind nach § 1 LStDV für einen Auftraggeber tätige Selbständige keine Arbeitnehmer. Damit können sie zwar von einem Auftraggeber eine Versorgungszusage im Sinne des Betriebsrentengesetzes erhalten, aber sie können sich kein Wertguthaben aufbauen. Gleiches gilt für Einzelunternehmer oder Einzelkaufleute.

Alle Arbeitnehmer können prinzipiell ein Zeitwertkonto nutzen. Aus organisatorischen Gründen sollten aber bestimmte Mitarbeitergruppen, z.B. Auszubildende oder befristet Beschäftigte ausgenommen werden.

13 *Vgl. BMF (2009): Schreiben vom 17.06.2009, A IV Nr. 1*

14 *Vgl. Sozialgesetzbuch (SGB) Viertes Buch (IV), § 7b Nr. 5*

Ein ZWK für befristet beschäftigte Arbeitnehmer kann zwar theoretisch eingerichtet werden, allerdings muss das Guthaben während der Dauer der befristeten Beschäftigung wieder ausgeglichen werden. Damit dürfte in der Praxis ein ZWK für befristet Beschäftigte die Ausnahme bleiben.

Auch für Auszubildende kann theoretisch ein ZWK eingerichtet werden. Wenn allerdings klar ist, dass der Auszubildende nach der Ausbildung den Betrieb verlässt, sollte die Einrichtung vor dem Hintergrund möglicher Verwaltungsarbeiten kritisch geprüft werden.

Für Organe von Kapitalgesellschaften wird die Einrichtung von ZWK steuerlich nicht anerkannt, unabhängig davon, ob Sie einen beherrschenden Einfluss auf die Gesellschaft ausüben oder nicht.[15]

Gegen diese Sichtweise des BMF klagte ein angestellter Geschäftsführer, dessen ZWK vom zuständigen Finanzamt steuerlich nicht anerkannt wurde. Er bekam im Jahr 2012 Recht, auch weil weder der Abschluss einer Wertguthabenvereinbarung noch eine Wertgutschrift zu einem Lohnzufluss führt und er als Geschäftsführer einer GmbH steuerrechtlich mit einem Arbeitnehmer gleichzustellen ist.[16]

Auch eine beherrschende Gesellschafter-Geschäftsführerin klagte gegen die steuerliche Nichtanerkennung ihres Zeitwertkontos. Auch sie erhielt Recht, weil ebenfalls kein lohnsteuerlicher Zufluss vorlag und sie Einkommen aus nichtselbständiger Tätigkeit erhielt.[17] Ein ähnlich gelagerter Fall wurde im Jahr 2013 vom FG Münster zugunsten eines beherrschenden GGF entschieden, wodurch jetzt ein Revisionsverfahren beim BFH anhängig ist (Az VI R 23/12).[18]

15 *Vgl. BMF (2009): Schreiben vom 17.06.2009, A IV Nr. 2b*

16 *Vgl. Finanzgericht Düsseldorf (2012): 4-K-2834/11-AO vom 21.03.2012*

17 *Vgl. Finanzgericht Hessen (2012): 1-K-250/11 vom 19.01.2013, DB 0482547*

18 *Vgl. Finanzgericht Münster (2013): 12-K-3812/10 E vom 13.03.2013, DB 0593355*

Entschlossene Gesellschafter-Geschäftsführer, die eine mögliche Diskussion mit dem Finanzamt nicht scheuen, können sich ein Zeitwertkonto einrichten.

Bis zum Abschluss des Verfahrens sollte vor der Einrichtung eines ZWKs für Vorstände oder Geschäftsführer in jedem Fall mit dem zuständigen Finanzamt der Sachverhalt unter Verweis auf die vorliegenden Urteile über eine Anrufungsauskunft (§ 42e EStG) geklärt werden.

3.1.1 Einbringungsmöglichkeiten

Die Einbringungsmöglichkeiten in ein ZWK sind weder im SGB IV noch im EStG eindeutig definiert. Eine Wertguthabenvereinbarung liegt aber immer dann vor, wenn Arbeitsentgelt eingebracht wird, um es für spätere Freistellungen wieder zu nutzen (§ 7b SGB IV). Der Begriff „Arbeitsentgelt" wird wiederum in § 14 SGB IV näher beschrieben, d.h. alle laufenden (z.B. laufendes Entgelt, vermögenswirksame Leistungen) oder einmaligen Zuwendungen (z.B. Sonderzahlungen wie Urlaubs- oder Weihnachtsgeld) aus einer Beschäftigung, unabhängig ob ein Rechtsanspruch besteht oder nicht (z.B. für einmalige Bonuszahlungen), können in ein Wertguthaben eingebracht werden.

Wird laufendes Entgelt eingebracht, das nach § 3b EStG steuerfrei ist, so müssen diese Zahlungen im ZWK getrennt geführt werden. Die Auszahlung ist dann steuerfrei mit der Einschränkung, dass die Auszahlung der Wertsteigerung steuerpflichtig ist.[19] [20]

Bei allen Einbringungsmöglichkeiten sind immer weitergehende gesetzliche oder tarifvertragliche Regelungen zu beachten. Sofern ein Tarifvertrag Anwendung findet, z.B. durch Tarifgebundenheit, durch Bezugnahme auf den gültigen Tarifvertrag oder durch einen allgemeinverbindlichen Tarifvertrag, dürfen die tariflichen Mindestlöhne bzw. gesetzliche Mindestlöhne nicht unterschritten werden. Eine aktuelle

19 Vgl. BMF Schreiben vom 17.06.2009, B III

20 Vgl. Plenker, J. (2009): Lohn- / einkommenssteuerliche Behandlung sowie Voraussetzung für die steuerliche Anerkennung von Zeitwertkonten-Modellen. DB 0330157

Übersicht über die allgemeinverbindlichen Tarifverträge stellt das BMAS regelmäßig bereit.[21] Auch können Überstunden oder Urlaubstage in ein ZWK eingebracht werden.

In ein Zeitwertkonto kann jegliches Entgelt eingebracht werden, solange nicht gegen gesetzliche oder tarifvertragliche Vorschriften verstoßen wird.

Da nach dem 1. Januar 2009 eingerichtete ZWK (Einführung von Flexi II) nur noch in Geld geführt werden, müssen eingebrachte Überstunden oder Urlaubstage in Geld umgerechnet werden.

Bei eingebrachten Urlaubstagen ist auf die Vorschriften des Bundesurlaubgesetzes zu achten, wonach der Mindesturlaubsanspruch von 20 Tagen pro Jahr bei einer 5-Tagewoche (24 Tage bei einer 6-Tagewoche) nicht unterschritten werden darf.

Auch möglich ist die Einbringung von Zeitguthaben aus einem vorgelagerten Überstundenkonto, wobei z.B. einmal jährlich alle Überstunden im Überstundenkonto oberhalb von 100 oder 200 Stunden in ein ZWK umgebucht werden.[22]

3.1.2 Verzinsung von Wertguthaben und Kapitalanlagevorschriften

Generell kann das im Wertguthaben befindliche Kapital innerhalb der Firma verbleiben und der Arbeitgeber spricht eine definierte Verzinsung aus, oder es erfolgt eine externe Kapitalanlage bei einer Versicherungsgesellschaft oder in geeigneten Investmentfonds. Die zugesagte Verzinsung des Arbeitgebers orientiert sich dann in der Regel an definierten Parametern (Gleichlauf mit der Gehaltssteigerung im Unternehmen, parallel zu bestimmten Indices) oder an einem fest vorgegebenen Wert (z.B. 2 % p.a.), wobei die letztgenannte Variante wesentlich weniger Verwaltungsaufwand für den Arbeitgeber mit sich bringt.

21 *BMAS (3013): Verzeichnis der für allgemeinverbindlich erklärten Tarifverträge*

22 *Vgl. Bechtoldt, M. und J. May (2012): Zeitwertkonten, S. 24*

Bei einer externen Kapitalanlage - diese Variante dürfe für die meisten KMUs sinnvoll sein - erhält der Arbeitnehmer z.B. bei der Anlage bei einer Lebensversicherungsgesellschaft eine definierte Grundverzinsung und eine variable Überschussbeteiligung. Wird das Kapital in Investmentfonds (speziell Garantiefonds) angelegt, partizipiert der Arbeitnehmer von den Wertsteigerungen des Investmentfonds.[23]

Für den Arbeitgeber ist es auf Grund der einfachen Einrichtung sinnvoll, die Wertentwicklung an einen Rentenversicherungstarif mit Garantieverzinsung und Überschussbeteiligung zu koppeln (Partizipationsmodell).

Die Beteiligung der Mitarbeiter an der Wertentwicklung der gewählten Anlageform wird auch als Partizipationsmodell bezeichnet.

Der generelle Tenor für die Vorschriften zur Kapitalanlage von ZWK ist, dass die Anlage konservativ und sicherheitsorientiert zu erfolgen hat. So wird im § 7d SGB IV zum einen auf die Anlagevorschriften für Versicherungsträger (§ 80 ff. SGB IV) verwiesen und gleichzeitig konkret eine Aktienquote von maximal 20 % genannt, soweit nicht der geltende Tarifvertrag bzw. eine Betriebsvereinbarung eine höhere Aktienquote zulässt oder das Wertguthaben nur für den Vorruhestand verwendet werden darf. Die Anlage in volatilen Segmenten wird indirekt weiter reduziert durch die Vorschrift des Kapitalerhalts zum Zeitpunkt der planmäßigen Inanspruchnahme des Wertguthabens. Damit sind für relativ kurzfristig geplante Freistellungen (z.B. Pflegezeit) nur Anlagen ohne Verlustrisiko möglich.

Damit der Arbeitnehmer sich regelmäßig ein Bild über „sein" Wertguthaben machen kann, muss ihn der Arbeitgeber einmal jährlich über die Höhe seines Wertguthabens informieren (§ 7d (1) SGB IV).

23 *Vgl. Baier, M. (2013) Vorlesungsskript „Einführung in die Thematik Zeitwertkonten", FH Koblenz*

3.1.3 Steuer- und Sozialversicherungs-Recht beim Arbeitgeber (bei externer Finanzierung)

Wird ein Teil des Gehalts nicht direkt an den Arbeitnehmer ausgezahlt, sondern in ein ZWK eingebracht, hat der bilanzierende Arbeitgeber für diesen Teil eine Rückstellung nach § 249 Abs.1 HGB zu bilden, denn die später fälligen Leistungen aus einem ZWK stellen für ihn ungewisse Verbindlichkeiten dar.

Die Bewertung der Verpflichtung erfolgt mit dem Erfüllungsbetrag nach § 253 HGB, der den eingebrachten Lohn- und Gehaltsbestandteilen und der zugesagten Verzinsung entspricht.[24] Da Wertguthaben „als Arbeitsentgeltguthaben einschließlich des darauf entfallenden Arbeitgeberanteils am Gesamtsozialversicherungsbeitrag zu führen"[25] sind, umfassen die Rückstellungen auch die SV-Beiträge des Arbeitgebers.

Wenn es sich bei dem ZWK um eine wertpapiergebundene Zusage nach § 253 Abs. 1 S. 3 HGB handelt, dann entspricht die Verpflichtung des Arbeitgebers dem Aktivwert, also z.B. dem Wert der „Rückdeckungsversicherung", falls das Wertguthaben über einen Versicherungstarif geführt wird. Ursprünglich bezog sich der Begriff der wertpapiergebundenen Zusage nur auf beitragsorientierte Zusagen der betrieblichen Altersvorsorge. Jedoch kann nach IDW RS HFA 30 (Tz 68)[26] der Begriff auch auf ZWK angewendet werden, da es sich um altersvorsorgeähnliche langfristige Verpflichtungen handelt.[27] [28]

Da für die Kapitalanlagen von ZWK immer ein Insolvenzschutz notwendig ist, entsprechen sie dem § 246 Abs. 2 Satz 2 HGB, wodurch Sie mit den Rückstellungen zu verrechnen sind (Saldierungsgebot). Ein vereinfachtes Beispiel für eine Darstellung in der Bilanz ist in der untenstehenden Tabelle aufgeführt. Aktivwert und Rückstellungen werden saldiert und berühren nicht die Bilanzsumme.

24 Vgl. Heger, H.-J. und T. Weppeler (2012): Handbuch des Jahresabschlusses, DB0430840

25 Sozialgesetzbuch (SGB) Viertes Buch (IV) § 7d Abs.1

26 IDW (2011): IDW Stellungnahme zur Rechnungslegung. IDW Verlag

27 Vgl. Bechtoldt, M. und J. May (2012): Zeitwertkonten. Haufe Verlag, S. 67 f

28 Allianz (2012): Merkblatt Bilanzierung von Verpflichtungen aus Langzeitkonten, Stand: Juli 2012

Tabelle 4: Wertguthaben und Rückstellungen in der Handelsbilanz

Aktiva		**Passiva**	
A. Anlagevermögen	100.000	A. Eigenkapital	150.000
Gebäude	...	Rücklagen	...
Sonstiges AV	...	Gewinn	...
Aktivwert Versicherung	*20.000*	*B. Rückstellungen*	*20.000*
...	...	...	...
B. Umlaufvermögen	100.000	C. Verbindlichkeiten	50.000
		kurzfristiges FK	...
Forderungen	...	langfristiges FK	...
Bank	...	...	...
...	...	...	...
Bilanzsumme	200.000	Bilanzsumme	200.000

Falls zum Aufbau des Wertguthabens Investmentfonds gekauft werden, so ist zu beachten, dass der Kauf keine Betriebsausgabe darstellt, sondern einen Aktivtausch.[29] In der Bilanz werden sie nach § 253 HGB mit den Anschaffungskosten geführt. Die Erträge sind nur zu 5 % steuerpflichtig (§ 8b KStG), wodurch bei Kurssteigerungen prinzipiell stille Reserven aufgebaut werden. Wenn allerdings nach § 246 (2) HGB saldiert wird, erfolgt eine Bewertung mit dem Zeitwert (HGB § 253 (1) S. 4).

29 *Vgl. Baier. M. (2013): Vorlesungsskript „Einführung in die Thematik Zeitwertkonten“, FH Koblenz*

Einzelne Rückdeckungsprodukte werden folglich in der Handelsbilanz folgendermaßen bewertet:[30]

› Klassische Rückdeckungsversicherungen:
  geschäftsplanmäßiges Deckungskapital am Bilanzstichtag

› Fondsgebundene Rückdeckungsversicherungen:
  geschäftsplanmäßiges Deckungskapital
  (Anteile x Börsenkurs am Bilanzstichtag)

› Andere Investmentprodukte (Fonds, Aktien, Renten,...):
  Marktwert

Hinsichtlich der Steuerbilanz ist das BMF Schreiben vom 11.11.1999 maßgebend. Hier wird unterschieden zwischen Zeitwertkonten ohne Verzinsung und Zeitwertkonten mit zugesagter Verzinsung.[31] Wird keine Verzinsung gewährt, ist die Verpflichtung des Arbeitgebers ggf. unter Berücksichtigung einer dreijährigen Freistellungszeit nach § 6a EStG Abs.1 Nr. 3a Buchstabe e mit einem Zinssatz von 5,5 % abzuzinsen. Ein ZWK mit zugesagter Verzinsung dürfte in der Praxis wesentlich häufiger vorkommen. In diesem Fall ist keine Abzinsung vorzunehmen und die Höhe des Wertguthabens und der Rückstellungen entsprechen sich einander.[32] Das oben genannte Saldierungsgebot gilt nicht für die Steuerbilanz: hier besteht ein Saldierungsverbot (§ 5 Abs. 1a EStG), wodurch es bei der Einrichtung von Zeitwertkonten zu einer Bilanzverlängerung kommt.

Für Unternehmen, die ihre Bilanz nach den Regeln der internationalen Rechnungslegung erstellen (IAS/IFRS = International Accounting Standards / International Financial Reporting Standards), gelten für die Bewertung von Wertguthaben auf der Aktivseite der Bilanz und den Rückstellungen auf der Passivseite die Standards IAS 19. Wenn ein insolvenzgeschütztes Wertguthabenvermögen vorliegt – es wird dann als

30 *Vgl. Alt, S. (2013): Newsletter AGZWK, Fachkreis Steuern und Bilanzen, 1. Quartal 2013*

31 *Vgl. BMF (1999): Schreiben vom 11. November 1999, RZ 5 ff.*

32 *Vgl. Kümmerle, K. et al. (2009): Betriebliche Zeitwertkonten. 2. Auflage. S. 73 ff.*

Plan Asset bezeichnet[33]– und es z.B. in Form einer Versicherung angelegt wird (qualifying insurance policy), dann wird unter der Voraussetzung, dass der Anspruch des Arbeitnehmers über das Wertguthaben voll ausfinanziert ist (defined contribution plan), der Zeitwert mit den gleich hohen Pensionsrückstellungen verrechnet. Die Folge ist wie bei der Handelsbilanz, dass die IFRS-Bilanz keine Pensionsrückstellungen für ein ZWK aufweist, wenn ein Betrieb Zeitwertkonten einrichtet und die Verpflichtungen des Arbeitgebers voll ausfinanziert sind.[34] [35]

Wird ein Wertguthaben durch Einbringung z.B. in eine Rentenversicherung mit Garantieverzinsung voll ausfinanziert, dann werden die Rückstellungen und der Aktivwert vollständig saldiert (Handelsbilanz, IFRS), wodurch keine Bilanzberührung auftritt.

Zum Gesamtsozialversicherungsbeitrag findet sich in § 7d SGB IV die Ausführung „Wertguthaben sind als Arbeitsentgeltguthaben einschließlich des darauf entfallenden Arbeitgeberanteils am Gesamtsozialversicherungsbeitrag zu führen". Der Arbeitgeber hat also seine zum Zeitpunkt der Einzahlung in das Wertguthaben fälligen Beiträge zur Sozialversicherung mit in das Wertguthaben einzubringen, unabhängig davon, ob der Arbeitnehmer ein Entgelt oberhalb oder unterhalb der jeweiligen Beitragsbemessungsgrenze erhält.

Wertguthaben = eingezahltes Entgelt + Arbeitgeberanteil an Gesamtsozialversicherungsbeitrag, auch wenn das Entgelt oberhalb einer Beitragsbemessungsgrenze der Sozialversicherung liegt.

33 *Vgl. Höfer, R. und M. Meißner (2004): Altersteizeitguthaben - Insolvenzsicherungsvarianten und deren Auswirkungen auf die Bilanzstruktur nach HGB, IFRS und US-GAAP. DB 0072107*

34 *Vgl. Heger, H.-J. und Weppeler, T. (2012) Handbuch des Jahresabschlusses, DB 0442009, RZ 212*

35 *Vgl. Dernberger, M. (2013): persönliche Mitteilung an den Verfasser*

Wird ein Wertguthaben strikt in diesem Sinne geführt, so wird es in der Literatur als „statisches" Wertguthaben bezeichnet, bei dem weder eine spätere Nachzahlung zusätzlicher noch eine Entnahme nichtnotwendiger SV-Beiträge zulässig ist. Dem gegenüber steht der „dynamische" Wertguthabenbegriff, bei dem der Arbeitgeber neben dem umgewandelten Entgelt auch seine SV-Beiträge einbringt, die SV-Beiträge in der späteren Auszahlungsphase aber je nach den dann gültigen Beitragssätzen durch den Arbeitgeber erhöht oder vom Arbeitgeber wieder entnommen werden.[36] Ob ein solches „dynamisches Wertguthaben", das in der Praxis durchaus anzutreffen ist, einer sozialversicherungsrechtlichen Überprüfung standhält, ist gegenwärtig nicht geklärt.[37] [38]

3.1.4 Aufzeichnungspflichten des Arbeitgebers

Der Arbeitgeber hat in den Lohnunterlagen das Entgeltguthaben und den darauf entfallenden Arbeitgeberanteil am SV-Beitrag getrennt zu führen und den Arbeitnehmer einmal jährlich nach § 7d Abs. 2 SGB IV über die Höhe des Arbeitsentgeltguthabens zu unterrichten.[39]

Alle Angaben zur Einrichtung und zu Veränderungen im Sinne des SV-Rechts eines ZWK sind vom Arbeitgeber für jeden Monat aufzuzeichnen (§ 8 Abs.1 BVV). In den Entgeltunterlagen muss der Arbeitgeber auch einen Nachweis über die Maßnahmen zum Schutz vor Insolvenz (s.u.) darlegen.[40]

Nach § 23b SGB IV ist der Arbeitgeber verpflichtet, die SV-Beiträge für ein vorzeitiges Ausscheiden des Arbeitnehmers zu berechnen, d.h. er hat hierfür für jeden SV-Zweig die sogenannte SV-Luft zu bestimmen. Die SV-Luft ist „die Differenz zwischen der Beitragsbemessungsgrenze des jeweiligen Versicherungszweiges und des erzielten beitragspflichti-

36 *Vgl. Kümmerle, K. und S. Beste, (2010): Bestimmung des enthaltenen AG-Anteils im Wertguthaben. Lohn und Gehalt, April 2010, S. 16 ff.*

37 *Vgl. Kümmerle, K. und S. Beste (2011): Newsletter AGZWK-Fachkreis Arbeits- und Sozialversicherungsrecht. 4. Quartal 2010*

38 *Vgl. Bechtoldt, M. und J. May (2012): Zeitwertkonten. Haufe Verlag, S. 15 f.*

39 *Vgl. Rundschreiben GKV-Spitzenverband, Berlin, 13.04.2010, S. 5*

40 *Vgl. Kümmerle, K. et al. (2009): Betriebliche Zeitwertkonten. 2. Auflage. S. 114 f.*

gen Arbeitsentgelts."[41] Für die Berechnung der SV-Luft stehen zwei Berechnungsarten zur Verfügung, das Summenfelder-Modell und das Alternativ- oder Optionsmodell. Bei dem Summenfelder-Modell wird zu Beginn der Wertguthabenbildung, mindestens einmal in Kalenderjahr, die SV-Luft berechnet und dann für jeden Monat fortgeschrieben, auch wenn kein neues Wertguthaben gebildet wurde. D.h. die SV-Luft steigt weiter an, obwohl u.U. kein weiteres Wertguthaben aufgebaut wurde. Zur Vermeidung von „fehlerhaften" Berechnungen wurde daher das Alternativ- oder Optionsmodell eingeführt.

Beim Alternativmodell bewertet der Arbeitgeber zum Jahresende das Wertguthaben und vergleicht es mit der Differenz zwischen der Beitragsbemessungsgrenze und dem tatsächlichen beitragspflichtigen Arbeitsentgelt. Der geringere von beiden Werten wird als Grundlage für die Störfallabrechnung festgeschrieben.[42]

3.1.5 Steuer- und SV-Recht beim Arbeitnehmer

Die vom Arbeitnehmer in ein Wertguthaben eingebrachten Entgeltbestandteile stellen, ebenso wie mögliche Zinsgutschriften zugunsten des Wertguthabens, einkommensteuerrechtlich für den Arbeitnehmer keinen Zufluss von Arbeitslohn dar. Die Besteuerung erfolgt erst zum Zeitpunkt der Entnahme aus dem Wertguthaben.[43] Entscheidend ist in diesem Zusammenhang, dass der Arbeitnehmer nicht über sein Wertguthaben frei verfügen kann, er also z.B. bei der Kapitalanlage über eine Lebensversicherungsgesellschaft nicht Versicherungsnehmer ist.

Für den Arbeitnehmer entsteht erst bei der Auszahlung aus dem Wertguthaben eine Steuer- und Sozialversicherungspflicht.

41 *Vgl. Rundschreiben GKV-Spitzenverband, Berlin, 31.03.2009, S. 31*

42 *Vgl. Rundschreiben GKV-Spitzenverband, Berlin, 31.03.2009, S. 33*

43 *Vgl. BMF (2009): Schreiben vom 17.06.2009, A II ff.*

Nach den Vorschriften im SGB IV § 22 bis 23 besteht in der Einbringungsphase für den Arbeitnehmer keine Beitragspflicht zur Sozialversicherung. Die Verbeitragung erfolgt erst während der Entnahme aus dem Wertguthaben mit den dann gültigen Beitragssätzen der einzelnen Sozialversicherungszweige.

3.1.6 Insolvenzsicherung

Nach § 7e SGB IV ist der Arbeitgeber verpflichtet, Wertguthaben, die größer als die monatliche Bezugsgröße nach § 18 SGB IV von gegenwärtig 2695 € sind, vor Verlusten durch eine Insolvenz des Arbeitgebers zu schützen und den Arbeitnehmer über die Maßnahmen zur Insolvenzsicherung schriftlich zu informieren. Kommt er seiner Insolvenzsicherungspflicht nicht nach, so kann der Arbeitnehmer das ZWK kündigen.

Als mögliche Insolvenzschutzmaßnahmen werden die Einrichtung von Treuhandverhältnissen, eine Verpfändung oder eine Bürgschaft genannt, wobei eine Rückführung an den Arbeitgeber im Insolvenzfall ausgeschlossen sein muss. Keine zulässige Insolvenzsicherung ist die Bildung von Rückstellungen in der Bilanz oder die Verpflichtung zur Übernahme möglicher Verluste innerhalb eines Konzerns, z.B. durch eine Patronatserklärungen oder einen Schuldbeitritt. Die Insolvenzsicherung unterliegt auch der Kontrolle des Rentenversicherungsträgers: Falls der Arbeitgeber die Insolvenzsicherung nicht oder nur unvollständig vorgenommen hat oder die „Sicherungsmittel in ihrem Umfang das Wertguthaben um mehr als 30 % unterschritten haben",[44] muss der Arbeitgeber innerhalb von 2 Monaten Korrekturen vornehmen.

Genau wie bei den fünf Durchführungswegen der betrieblichen Altersvorsorge haftet auch bei einem Kapitalaufbau über ein ZWK letztendlich der Arbeitgeber für mögliche Wertverluste (§ 7e (7) SGB IV).

Ergänzend sei erwähnt, dass beim Abschluss einer Rentenversicherung durch den Arbeitgeber zur Insolvenzsicherung keine Abtretung an den

44 *Sozialgesetzbuch (SGB) Viertes Buch (IV), § 7e Abs.6 Nr.3*

Arbeitnehmer erfolgen darf, da in diesem Fall ein lohnsteuerlicher Zufluss vorliegt.[45]

3.1.7 Opting-Out

Auch wenn im Allgemeinen von einer freiwilligen Entgeltumwandlung des Arbeitnehmers zugunsten einer Betrieblichen Altersvorsorge oder eines Wertguthabens ausgegangen wird, kann in allen Durchführungswegen der bAV eine grundsätzlich zulässige Beitragsbeteiligungspflicht des Arbeitnehmers festgelegt sein.[46]

Es besteht aber auch die Möglichkeit, zunächst eine Beitragsbeteiligungspflicht für den Arbeitnehmer festzulegen und gleichzeitig dem Arbeitnehmer eine Abwahlmöglichkeit (Opting-Out) für die Beteiligung an der bAV anzubieten.

Ziel dieser Modelle ist die Erhöhung der Teilnehmerquoten und vor allem die Einbindung von Arbeitnehmern mit geringem Einkommen sowie von Frauen. Erfolgreich eingeführt wurden Opting-Out-Modelle z.B. im Jahr 2007 in Neuseeland[47]oder in den USA.[48]

Grundsätzlich dürfte die Einführung von Zeitwertkonten in einem Betrieb über ein Opting-Out ebenfalls rechtlich zulässig sein, wobei wegen der formularmäßigen Erfassung der Mitarbeiter alle Schriftstücke einer Inhaltskontrolle nach § 307 BGB standhalten müssen.[49] Bisher finden sich weder in der Literatur noch in der Praxis Hinweise darauf, dass ein ZWK über ein Opting-Out-Modell eingeführt wurde. In Anbetracht der Tatsache, dass viele Arbeitnehmer vorzeitig in Ruhestand gehen und dieses Bedürfnis durch die Einführung der „Rente mit 67“ nicht abnehmen wird, kann die Einführung von ZWK für den Vorruhestand über ein Opting-Out-Modell sinnvoll sein.

45 *Vgl. BFH (2012): Urteil vom 05.07.2012, VI R 10/11*

46 *Vgl. Höfer, R. (2012): Betriebsrentenrecht. Band 1, RZ 827.1 ff.*

47 *Vgl. kiwisaver (2013): http://www.kiwisaver.govt.nz*

48 *Vgl. Marian, S. (2011): Opting-Out-Modelle. In: Praxishandbuch Betriebliche Altersvorsorge. Gruppe 6, S. 229 ff.*

49 *Vgl. Marian, S. (2011): Opting-Out-Modelle. In: Praxishandbuch Betriebliche Altersvorsorge. Gruppe 6, S. 238 ff.*

3.1.8 Einbringungshöhe

Zuführungen zu einem ZWK werden steuerlich nur anerkannt, soweit die Beiträge während der Freistellung auch wieder verbraucht werden können. Für eine Freistellung unmittelbar vor der Altersrente hat der Arbeitgeber jährlich eine Prognose zu treffen, ob noch weitere Zuführungen zum ZWK zulässig sind. Bei der Prognoseberechnung ist von ungekürztem Entgelt des Arbeitnehmers und dem Zeitraum vom Beginn der voraussichtlichen Freistellung bis zur Regelaltersgrenze nach SGB VI auszugehen. Umfasst das Entgelt auch eine erfolgsabhängige Komponente, so ist der Durchschnitt der letzten fünf Jahre zu berücksichtigen.

Die Einbringungshöhe ist in den ersten Jahren prinzipiell nicht limitiert, wovon vor allem Mitarbeiter mit hohen variablen Bonuszahlungen profitieren können. Generell darf das Wertguthaben nur so groß werden, dass es während der Freistellung auch wieder verbraucht werden kann.

Für Wertguthabenvereinbarungen, die die Angemessenheit der Auszahlung nach § 7 SGB IV i.V. mit dem Schreiben der Schreiben der SV-Spitzenverbände vom 31.03.2009 (Auszahlung aus dem Wertguthaben beträgt 70 % bis 130 % des durchschnittlichen vorherigen Entgelts nach Einbringungsbeiträgen) berücksichtigen, ist eine o.g. Prognoseberechnung nicht notwendig.[50] [51]

3.2 AUSZAHLPHASE

Ein Wertguthaben wird aufgebaut, damit aus dem Guthaben eine Freistellungsphase des Arbeitnehmers finanziert werden kann. Falls der Arbeitnehmer vorzeitig ausscheidet, kann das Wertguthaben unter bestimmten Voraussetzungen auf den Folgearbeitgeber oder die DRV

50 *Vgl. BMF (2009): Schreiben vom 17.06.2009, B I*

51 *Vgl. Kümmerle, K. et al. (2009): Betriebliche Zeitwertkonten. S. 83 f.*

Bund übertragen werden. Falls das nicht möglich ist, erfolgt eine Auszahlung an den Arbeitnehmer (Störfallabrechnung), die auch bei andern Gründen für das Ausscheiden zur Anwendung kommt (Ausscheiden wegen Invalidität, Tod, Unternehmensinsolvenz, Altersrente). Wenn der Mitarbeiter ohne vorherige Freistellung in Altersrente geht oder nach der Freistellung ein Restguthaben vorhanden ist, besteht unter bestimmten Voraussetzungen eine steuer- und sozialversicherungsfreie Übertragung auf eine betriebliche Altersvorsorge (Abb. 2).

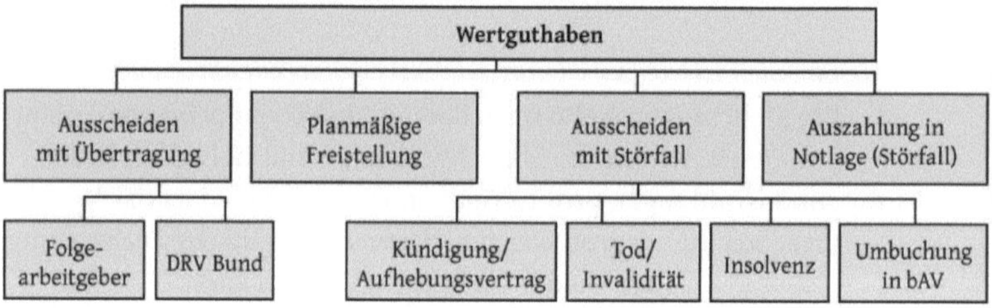

Abbildung 2: Grundsätzliche Verwendungsmöglichkeiten des Wertguthabens, Quelle: Eigene Darstellung

3.2.1 Planmäßige Auszahlung

Ein Wertguthaben kann für gesetzlich geregelte oder vertraglich vereinbarte vollständige oder teilweise Freistellungen von der Arbeitsleistung[52] genutzt werden (planmäßige Auszahlung). Während der Freistellungsphase (mindestens einen Monat) besteht das Beschäftigungsverhältnis fort und der Arbeitnehmer erhält sein Entgelt aus seinem Wertguthaben. Da der Arbeitnehmer nicht mehr zur Ableistung seiner Arbeitszeit verpflichtet ist, wird von einer Beschäftigungsfiktion gesprochen.[53]

52 Vgl. Sozialgesetzbuch (SGB) Viertes Buch (IV) § 7c Abs.1

53 Vgl. Uckermann. S. (2009): Betriebliche Altersversorgung und Zeitwertkonten. S. 282

Zu den gesetzlich geregelten Freistellungszwecken zählen nach § 7c SGB IV:

› Freistellungen nach § 3 des Pflegezeitgesetz zur Pflege naher Angehöriger

› Freistellungen zur Betreuung eigener Kinder nach § 15 Bundeselterngeld- und Elternzeitgesetz

› Freistellungen zur Verringerung der Arbeitszeit nach § 8 Teilzeit- und Befristungsgesetz

› Neben den gesetzlich geregelten Freistellungszwecken werden im § 7c SGB IV zwei weitere Freistellungszwecke genannt:

› Freistellungen für Zeiten unmittelbar vor der Altersrente nach SGB VI

› Freistellungen für Qualifizierungsmaßnahmen.

Für welche Zwecke in einem Betrieb das Wertguthaben verwendet wird, kann in einer betriebsindividuellen Vereinbarung nach Verhandlungen zwischen Arbeitgebern und Arbeitnehmern schriftliche festgelegt werden.

Das Arbeitsentgelt während der Freistellungsphase (§ 7 Abs. 1a SGB IV Nr. 2) muss sich zwingend an der Einkommenshöhe der letzten 12 Monate vor der Freistellung orientieren. Es darf 70 % des durchschnittlichen Einkommens nicht unterschreiten und 130 % nicht überschreiten, wobei das 100%ige Grundgehalt sich auf das Gehalt nach den Einbringungsbeiträgen bezieht.[54]

3.2.1.1 Steuer- und SV-Recht bei planmäßiger Auszahlung

Für den Arbeitgeber reduziert sich mit jeder Auszahlung das Wertguthaben auf der Aktivseite der Bilanz. Parallel werden im gleichen Umfang Verpflichtungen gegenüber dem Arbeitnehmer in Form von Rückstellungen auf der Passivseite der Bilanz aufgelöst. Während der Auszahlungsphase gutgeschriebene Zinsen erhöhen ggf. die Rückstellungen wieder geringfügig.

54 *Vgl. Rundschreiben GKV-Spitzenverband, Berlin, 31.03.2009, S. 21 ff.*

Während der Freistellung bleibt das Beschäftigungsverhältnis bestehen. Daher sind bei der Auszahlung Sozialversicherungsbeiträge abzuführen.[55] Die Höhe der Beitragssätze der Sozialversicherungszweige richtet sich dabei nach der jeweiligen Höhe in der Auszahlungsphase. Daher kann der Arbeitnehmer einen geringfügigen „Gewinn“ oder „Verlust“ erleiden[56], falls sich die Höhe der SV-Beiträge im Vergleich zur Einzahlungsphase bei einem „statischen“[57] Wertguthaben geändert hat.

Ähnliches gilt, wenn bei der Auszahlung aus dem Wertguthaben oberhalb der BBG die im Wertguthaben enthaltenen Beiträge zur SV nicht benötigt werden. Da es kein Rückforderungsrecht des Arbeitgebers für nicht benötigte SV-Beiträge gibt, kann es hier zur Übervorteilung des Arbeitnehmers und einer Verlängerung der Freistellungsphase kommen.[58] Dieser „Fehler“ wird in der Fachliteratur intensiv diskutiert, wobei angemerkt wird, dass diese Regelung einer gerichtlichen Überprüfung möglicherweise nicht standhält.[59] [60] In der Praxis sind auch Modelle anzutreffen, bei denen die nicht benötigten SV-Beiträge des Arbeitgebers wieder an den Arbeitgeber zurückgezahlt werden.

Selbst wenn bei Mitarbeitern mit einem Gehalt oberhalb der Beitragsbemessungsgrenze der Rentenversicherung eine „Zuzahlung der SV-Beiträge“ notwendig ist, kann die Einrichtung eines ZWK trotzdem sinnvoll sein, da der finanzielle Mehraufwand für den Arbeitgeber relativ gering ist.[61]

55 *Vgl. Rundschreiben GKV-Spitzenverband, Berlin, 31.03.2009, S. 42 ff.*

56 *Vgl. Rundschreiben GKV-Spitzenverband, Berlin, 13.04.2010, S. 5 f.*

57 *Kümmerle, K. und S. Beste (2009): Stellungnahme der AGZWK zum neuen Wertguthabenbegriff. Stand 18.12.2009*

58 *Vgl. Rundschreiben GKV-Spitzenverband, Berlin, 13.04.2010, S. 5 f.*

59 *Vgl. Kümmerle, K. und S. Beste (2010): Bestimmung des enthaltenen AG-Anteils im Wertguthaben. Lohn und Gehalt, April 2010*

60 *Vgl. Klemm, B. (2010): Wertguthaben bei Gutverdienern. Personalmagazin 4/2010*

61 *Vgl. Dernberger, M. (2012): Das Lebensarbeitszeitmodell: Eine interessante Alternative für Führungskräfte. Kompendium bAV 2012. S. 68-71*

Generell besteht weder Nachschussverpflichtung noch Entnahmerecht des Arbeitgebers für „seine" SV-Beiträge. Wird hiervon in der Praxis abgewichen, so ist es offen, wie ein Gericht bei einer Klage entscheiden würde.

Der Arbeitnehmer hat seinen Zufluss aus dem Wertguthaben während der Freistellung wie reguläres Arbeitseinkommen als Einkünfte aus nichtselbständiger Tätigkeit (§ 19 EStG) zu versteuern unter Berücksichtigung des Arbeitnehmer-Pauschbetrags nach § 9a EStG. Eine Entgeltumwandlung nach § 3.63 EStG oder die Einzahlung in eine pauschalbesteuerte Direktversicherung nach § 40b EStG a.F. kann i.V. mit §1 (1) S.1 Nr. 4 und 9 SvEV (kein sozialversicherungspflichtiges Entgelt) während der Freistellungsphase weiterhin zur Anwendung kommen.[62] [63]

Zu beachten ist hinsichtlich der Lohnfortzahlung im Krankheitsfall während der Freistellungsphase, dass der Arbeitnehmer nach § 3 Entgeltfortzahlungsgesetz keinen Anspruch auf Lohnfortzahlung hat.[64] Auch der Anspruch auf Krankengeld ruht während der Freistellungsphase nach § 49 Abs. 1 Nr. 6 SGB V.[65]

3.2.2 Übertragung auf den Folgearbeitgeber

Der Arbeitnehmer kann nach § 7f SGB IV beim Ausscheiden verlangen, dass sein Wertguthaben auf seinen Folgearbeitgeber übertragen wird. Dieses Recht auf Portabilität wird jedoch eingeschränkt, da der neue Arbeitgeber nicht zur Einrichtung eines Wertguthabens verpflichtet ist und der Übertragung nicht zustimmen muss. Falls es zu einer Übertragung kommt, fällt die Lohnsteuer erst bei Auszahlung des Wertguthabens durch den Folgearbeitgeber an.[66]

62 *Vgl. BMF (2009): Schreiben vom 17.06.2009, A III*

63 *Vgl. BMF (2010): Schreiben vom 13.04.2010, S. 10*

64 *Vgl. Kümmerle, K. et al. (2009): Betriebliche Zeitwertkonten. S. 59*

65 *Vgl. Uckermann. S. (2009): Betriebliche Altersversorgung und Zeitwertkonten. S. 372 f.*

66 *Vgl. BMF (2009): Schreiben vom 17.06.2009, D*

Eine Übertragung auf den Folgearbeitgeber löst ebenfalls keine Zahlung von Sozialversicherungsbeiträgen aus. Der neue Arbeitgeber hat die vom alten Arbeitgeber ermittelte SV-Luft (s.o.) zu übernehmen, höchstens jedoch in Höhe des Entgeltguthabens.[67]

3.2.3 Übertragung auf die Deutsche Rentenversicherung Bund

Der Arbeitnehmer kann ebenfalls nach § 7f SGB IV beim Ausscheiden verlangen, dass sein Wertguthaben inkl. der Sozialversicherungsbeiträge auf die DRV Bund übertragen wird. Voraussetzung ist hier, dass das Wertguthaben das Sechsfache der monatlichen Bezugsgröße nach § 18 SGB IV (2013 alte Bundesländer: 2.695 €; neue Bundesländer 2.275 €)[68] übersteigt (16.170 € / 13.650 €). Das Guthaben wird bei der DRV Bund unter Ausschluss einer Rückübertragung auf den Arbeitnehmer oder Arbeitgeber separat verwaltet. Die DRV Bund legt die Wertguthaben risikoarm nach den Vorschriften der § 80 ff. SGB IV an und erwirtschaftete zwischen 2009 und 2012 Renditen zwischen 0,6 % und 1,1% p.a. bei einem jährlichen Kostensatz von 0,17%.[69]

Im Gegensatz zu einer Übertragung auf den Folgearbeitgeber besteht bei der Übertragung auf die DRV Bund keine Möglichkeit einer weiteren Zuzahlung nach der Übertragung. Es kann aber später ein weiteres Wertguthaben des Arbeitnehmers auf die DRV Bund übertragen werden, wobei die o.g. Übertragungsgrenzen nicht zu beachten sind.[70]

Der Arbeitnehmer kann das Wertguthaben für die o.g. Freistellungszwecke nutzen mit der Besonderheit, dass bei einer Freistellung unmittelbar vor der Altersrente kein Beschäftigungsverhältnis vorliegen muss. Die DRV Bund ist dann praktisch ein Ersatzarbeitgeber für den Mitarbeiter. Die o.g. Angemessenheit der Auszahlung im Vergleich zum durch-

67 *Vgl. Rundschreiben GKV-Spitzenverband, Berlin, 31.03.2009, S. 45 f.*

68 *Vgl. Sozialversicherungsrechengrößenverordnung (2013): Verordnung über die maßgebende Rechengröße der Sozialversicherung für 2013*

69 *Vgl. Manthey, M. (2013): Schriftliche Auskunft der DRV Bund an den Verfasser, 25.06.2013, unveröffentlicht*

70 *Vgl. Rundschreiben GKV-Spitzenverband, Berlin, 31.03.2009, S. 63 f.*

schnittlichen Einkommen der vorherigen 12 Monate ist hier ebenfalls immer zu beachten.

Die Deutsche Rentenversicherung hält im Internet für Arbeitgeber ein Formular zur Übertragung[71] und für Arbeitnehmer ein Formular zur Auszahlung des Wertguthabens bereit.[72]

Nach Angaben der DRV Bund sind seit der Einführung von Flexi II ca.100 Zeitwertkonten auf die DRV übertragen worden. Haupthindernis für mehr Übertragungen scheint die fehlende Rückübertragungsmöglichkeit auf einen neuen Arbeitgeber oder den Arbeitnehmer selbst zu sein.

3.2.4 Ausscheiden mit Störfallabrechnung

Falls der Arbeitnehmer sein Wertguthaben nicht planmäßig verwenden kann, weil er vorzeitig ausscheidet, wird von einem sozialversicherungsrechtlichen Störfall gesprochen. Das Guthaben ist dann an den Arbeitnehmer oder seine Hinterbliebenen als Einmalzahlung auszuzahlen, wobei die Höhe der Sozialversicherungsbeiträge in einer besonderen Abrechnungsmethode (Störfallberechnung) ermittelt wird. Dabei wird zunächst die SV-Luft für jeden Sozialversicherungszweig bestimmt (s.o.). Wenn das Summenfelder-Modell zur Anwendung kommt, wird das gesamte Wertguthaben beitragspflichtig, höchstens aber die aufsummierte SV-Luft.

Beim Alternativmodell wird jährlich ein Vergleich zwischen dem Wertguthaben und der Differenz der Beitragsbemessungsgrenze und dem beitragspflichtigen Entgelt angestellt und der geringere Wert festgeschrieben.[73] Auf Grund des

Berechnungsverfahren führt das Alternativmodell nie zu höheren Werten als das Summenfelder-Modell.

In folgendem Beispiel wird die SV-Luft in Abhängigkeit vom beitragspflichtigen Entgelt dargestellt. Die Berechnung erfolgte nach dem Summenfelder-Modell unter der Annahme, dass sich die Beitragsbemes-

71 *DRV Bund (2013 a): www.deutsche-rentenversicherung.de*

72 *DRV Bund (2013 b): www.deutsche-rentenversicherung.de*

73 *Vgl. Rundschreiben GKV-Spitzenverband, Berlin, 31.03.2009, S. 33 f.*

sungsgrenzen nicht verändern. Da nur eine generelle Darstellung erfolgen soll, wurde auf eine Verzinsung des Wertguthabens und die SV-Beiträge des Arbeitgebers verzichtet. Das beitragspflichtige Entgelt stellt das Entgelt nach Abzug der Zuführung zum Wertguthaben dar.

Beispiel zur Höhe der SV-Luft nach den Summenfelder-Modell:

- Einbringung in das Wertguthaben: 1000 € monatlich, ohne Verzinsung (Darstellung ohne SV-Beiträge des Arbeitgebers)
- Laufzeit 24 Monate, dann Störfallabrechnung
- BBG KV/ALV: 69.600 € p.a. / 5.800 € monatlich, für beide Jahre
- BBG RV/PV: 47.250 € p.a. / 3.937,50 € monatlich, für beide Jahre

Es wird durch die Grafik deutlich, dass bei einem beitragspflichtigen Entgelt von 1000 € im Störfall das gesamte Wertguthaben beitragspflichtig wird. Die SV-Luft liegt (Berechnung für die SV-Luft KV/ALV: 69.600 € - 12.000 € pro Jahr = 57.600 € x zwei Jahre = 115.200 €) deutlich oberhalb des Wertguthabens von 24.000 €. Hat ein Arbeitnehmer ein höheres Entgelt, so sinkt die SV-Luft kontinuierlich ab. Bei einem Entgelt von 4800 € (2937,50 €) fällt die SV Luft jeweils unter das Wertguthaben, womit nur noch der Wert der jeweiligen SV-Luft verbeitragt wird. Liegt das beitragspflichtige Entgelt eines Arbeitnehmers oberhalb der jeweiligen BBG, so werden schließlich im Störfall keine SV-Bei-träge fällig („Es wird das Wertguthaben, maximal die SV-Luft verbeitragt“). Die gesamte Entgeltumwandlung zugunsten des Wertkontos stammt dann aus Entgelt oberhalb der BBG, daher erfolgt keine Verbeitragung im Störfall (Abb. 3).

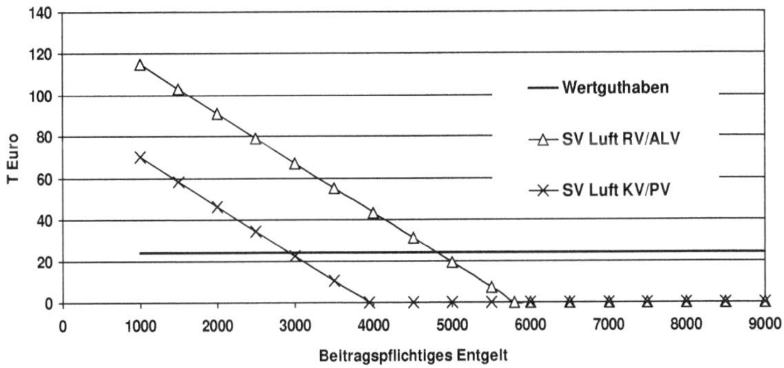

Abbildung 3: Höhe des Wertguthabens und Verlauf der SV-Luft, Grundannahmen siehe Berechnungsbeispiel, Quelle: Eigene Darstellung

Der auszuzahlende Einmalbeitrag ist als „normales" Arbeitsentgelt (§ 19 EStG) zu versteuern. Falls das Wertguthaben länger als 12 Monate bestand, kann die Steuerermäßigung nach § 34 EStG (Fünftelungsregel) in Anspruch genommen werden.[74] Unter Umständen kann auch die Auszahlung des Wertguthabens im Störfall auf sechs bis acht Jahresraten zur Steuerminderung verteilt werden. Diese Variante sollte aber mit dem zuständigen Finanzamt im Vorfeld besprochen werden.[75]

Kein Störfall liegt vor, wenn dem Arbeitnehmer beim Ausscheiden eine Wiedereinstellung (z.B. nach einer Fortbildungsmaßnahme) fest zugesagt wird.

Ebenfalls kein Störfall liegt vor, wenn sich der Arbeitnehmer nach dem Ausscheiden als Arbeitssuchender gemeldet ist und innerhalb von sechs Monaten einen neuen Arbeitgeber findet, der das Wertguthaben übernimmt.[76]

Im Gegensatz zur betrieblichen Altersvorsorge kennen die Vorschriften zum Zeitwertkonto keinen eingeschränkten Hinterbliebenenbegriff (z.B. Ehegatten, Kinder). Daher kann beim Tod des Arbeitnehmers das Wert-

74 *Vgl. BMF (2009): Schreiben vom 17.06.2009, C II*

75 *Vgl. Baier, M. (2013): Vorlesungsskript „Einführung in die Thematik Zeitwertkonten", FH Koblenz*

76 *Vgl. Rundschreiben GKV-Spitzenverband, Berlin, 31.03.2009, S. 49*

guthaben nach Steuer- und SV-Abzug an eine vorher frei benannte Person ausgezahlt werden.

Falls der Arbeitnehmer auf Grund von Invalidität das Unternehmen verlässt oder die Beschäftigung auf Grund einer Unternehmensinsolvenz endet, wird das Wertguthaben nach oben beschriebenen Verfahren an den Arbeitnehmer ausgezahlt.

3.2.5 Auszahlung in Notlagen

Beim Vorliegen einer existenzbedrohenden Notlage wird ein Wertguthaben auch dann noch steuerlich anerkannt, wenn es bei fortbestehendem Beschäftigungsverhältnis ganz oder teilweise ausgezahlt wird.[77] Was genau unter Existenzbedrohung zu verstehen ist, wird in dem relevanten BMF Schreiben vom 17.06.2009 nicht angegeben. Um Streitfälle mit der Finanzverwaltung zu vermeiden, sollte eine Auszahlung nur vorgenommen werden, wenn eine echte existenzielle Notlage, also z.B. Tod des Ehepartners oder der Verlust des Wohneigentums, vorliegt.

Da es sich bei einer Auszahlung in einer Notlage um eine planwidrige Verwendung handelt, ist hinsichtlich der fälligen Sozialversicherungsbeiträge von einer Störfallabrechnung auszugehen.

Eine betriebliche Altersvorsorge kann im laufenden Arbeitsverhältnis abgefunden[78] oder auf Verlangen des Arbeitnehmers ausgezahlt werden[79], ein Wertguthaben nicht. Nur bei einer existenzbedrohenden Notlage besteht die Möglichkeit einer Voll- oder Teilauszahlung an den Arbeitnehmer.

Wird das Wertguthaben ohne existenzbedrohende Notlage auch nur teilweise ausgezahlt, ist das gesamte Wertguthaben steuerpflichtig.

77 *Vgl. BMF (2009): Schreiben vom 17.06.2009, C I*

78 *Vgl. BetrAVG (2008) § 3 Betriebsrentengesetz*

79 *Vgl. LAG Bremen (2011): Urteil vom 22.06.2011*

Offen ist die Frage, ob ein Arbeitnehmer beim Vorliegen einer existenzbedrohenden Notlage ein Recht auf Auszahlung hat oder ob der Arbeitgeber die Auszahlung verweigern kann.

3.2.6 Umbuchung auf betriebliche Altersvorsorge

Für alle nach dem 14. November 2008 abgeschlossenen ZWK gilt, dass sie nicht mehr in unbegrenzter Höhe sozialversicherungsfrei auf einen Durchführungsweg der bAV umgebucht werden können.

Für die Einzahlung in eine Direktversicherung folgt daher, dass ein ausgezahltes Wertguthaben nur bis 4 % der Beitragsbemessungsgrenze der allgemeinen Rentenversicherung steuer- und sozialversicherungsfrei ist.[80]

Wenn die so genannte Vervielfältiger-Regelung nach § 3.63 S. 4 EStG zur Anwendung kommt, kann beim Ausscheiden des Arbeitnehmers eine größere Summe steuerfrei in eine Direktversicherung eingezahlt werden.[81] Eine Sozialversicherungsfreiheit über die Grenzen des § 3.63 EStG hinaus wäre nur gegeben, falls es sich bei der Auszahlung um eine echte Abfindung beim Verlust des Arbeitsplatzes handelt.[82]

Berechnungsbeispiel zur Vervielfältiger-Regelung § 3.63 Satz 1 EStG:

Auszahlung von 24.000 € im Jahr 2025

Zahlung von 1200 € p.a. in eine Direktversicherung nach § 3.63 EStG seit 2005

Dienstverhältnis seit 2000, berücksichtigt werden alle Jahre ab 2005, daher

20 Jahre x 1800 € =	36000 €
Abzug für bestehende DV, 7 Jahre x 1200 € =	-8400 €
Freibetrag bei Beendigung des Dienstverhältnisses =	27600 €

80 *Vgl. Sozialversicherungsentgeltverordnung (2012): §1 Abs. 1 Nr. 9*

81 *Vgl. BMF (2013): BMF Schreiben vom 24.07.2013, RZ 320*

82 *Vgl. BSG (1990): Keine Beitragspflicht in der Sozialversicherungspflicht für echte Abfindungen. DB 0086299*

Falls eine „alte“ Direktversicherung nach § 40b EStG a.F. vorhanden ist, kann auch hier die alte Vervielfältigerregelung genutzt werden.

Wenn der Auszahlbetrag nicht der SV-Pflicht unterliegt (Bildung des Wertguthabens nur aus Entgelt oberhalb der BBG, s. Beispiel zur Störfallabrechnung), kann steuer- und sv-frei im Rahmen der Vervielfältigerregelung in eine DV umgebucht werden.

Gleiches gilt für eine Einzahlung beim Ausscheiden aus Altersgründen des Mitarbeiters in eine rückgedeckte Unterstützungkasse. Hier kann steuerfrei zum Rentenbeginn ein Einmalbeitrag eingezahlt werden.

4 Praxisbeispiel

4.1 RAHMENBEDINGUNGEN

Bei dem Unternehmen, das aus Datenschutzgründen im Folgenden nur als „GmbH" oder „der Arbeitgeber" bezeichnet wird, handelt es sich um eine deutsche Niederlassung eines ausländischen Konzerns mit 105 Mitarbeitern zuzüglich der Geschäftsführung in Form einer GmbH. Die GmbH verantwortet ausschließlich den Vertrieb. Die Produktion wird von einer weiteren GmbH in Deutschland übernommen oder im Ausland durchgeführt. Ausgangspunkt der Überlegungen zur Einführung von Zeitwertkonten ist die Personalabteilung der GmbH. Sie hat anonymisiertes Rohmaterial über den Personalbestand in Form einer Excel-Liste zur Verfügung gestellt, die für die unten stehenden Grafiken und Ausführungen aufbereitet wurden.

4.2 TARIFVERTRAG UND ENTLOHNUNG

Für die Beschäftigten gilt der Tarifvertrag nach dem Gesamtverband der Textilindustrie in der Bundesrepublik Deutschland - Gesamttextil. Der entsprechende Tarifvertrag zur Förderung der Altersteilzeit ist ohne Nachwirkung am 1. Januar 2010 ausgelaufen und wurde bisher nicht erneuert.[83] Daher sind tarifvertragliche Vorgaben nicht zu beachten. Ein Tarifvertrag zur Entgeltumwandlung vom 27.11.2001 gilt noch, aber er enthält keine Regelungen zur Altersteilzeit.

54 % der Mitarbeiter, vor allem im Vertriebsaußendienst, erhalten eine außertarifliche Vergütung. Zusätzlich erhalten die Mitarbeiter im Vertriebsaußendienst eine erfolgsabhängige Jahresprämie von bis zu 8400 €. Die Prämie für die Innendienstmitarbeiter liegt bei ca. 1000 € auf der Ebene der Sachbearbeitung.

83 Gesamtverband textil + mode (2010): www.textil-mode.de

4.3 ANALYSE DES PERSONALBESTANDS

Die Mitarbeiter lassen sich einteilen in den Vertriebsaußendienst (48 Mitarbeiter), den Vertriebsinnendienst (26 Mitarbeiter) und die übrigen Bereiche (General Management, Buchhaltung, Finanzen, Marketing, Anwendungstechnik) mit 31 Mitarbeitern. Die Altersstruktur zeigt insgesamt für alle Gruppen, dass nur 3 Mitarbeiter 60 und älter sind. Hieraus lässt sich ableiten, dass offenbar viele Mitarbeiter des Unternehmens vorzeitig in Ruhestand gehen.

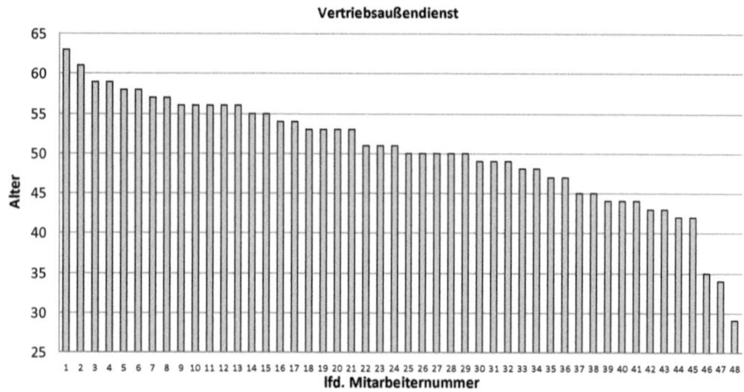

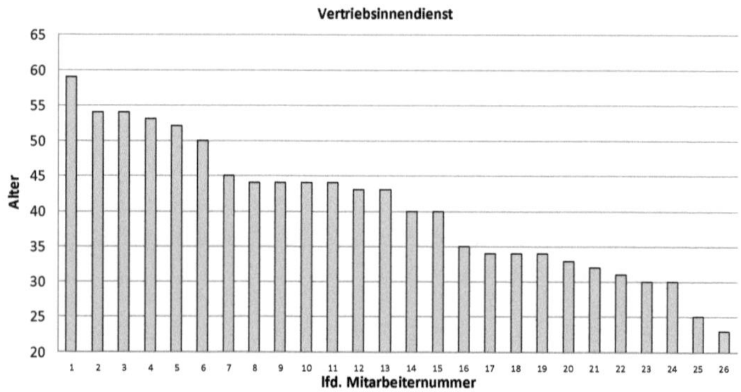

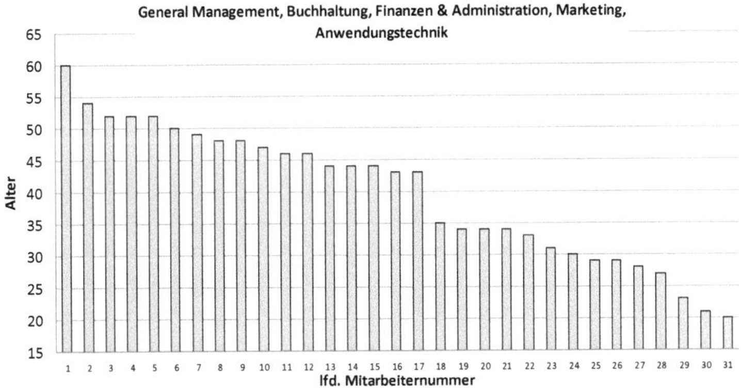

Abbildung 4: Altersverteilung der Mitarbeiter im Beispielbetrieb, Quelle: Eigene Darstellung

Die Grafiken zeigen, dass im Vertriebsaußendienst die ältesten Mitarbeiter beschäftigt sind. Im Vertriebsinnendienst und in den übrigen Bereichen ist jeweils nur eine Person über 55, so dass hier in den nächsten Jahren kaum mit altersbedingtem Ausscheiden zu rechnen ist.

4.4 GRÜNDE FÜR DIE EINFÜHRUNG VON ZWK IM BETRIEB

4.4.1 Gleitender Übergang in die Rente

Die Analyse des Personalbestands offenbart, dass in der größten und wichtigen Abteilung „Vertriebsaußendienst" 15 Mitarbeiter 55 Jahre oder älter sind. D.h. dass theoretisch 30 % der Mitarbeiter dieser Abteilung in den nächsten sieben bis zehn Jahren das Unternehmen altersbedingt verlassen. Da bisher im Unternehmen kaum Mitarbeiter über 60 vorhanden sind, werden die Mitarbeiter vermutlich aber schon früher, d.h. in den nächsten drei bis fünf Jahren ausscheiden. Diese Mitarbeitergruppe repräsentiert durchschnittlich seit 16 Jahren das Unternehmen nach außen bei den Kunden. Aus dem Ausscheiden der Mitarbeiter ergeben sich zwei wichtige Anforderungen:

1. Neue Mitarbeiter müssen intern oder extern für die vakant werdenden Positionen akquiriert werden.
2. Eine reibungslose Übergabe der Kundenbeziehungen auf den neuen Mitarbeiter ist notwendig, damit die gefestigten Kundenbeziehungen nicht gefährdet werden.

Für ein reines Vertriebsunternehmen ist der Vertriebsaußendienst von elementarer Bedeutung. Wenn die Positionen nicht passend besetzt sind, wird das Unternehmen immer hinter den eigentlichen Vertriebsmöglichkeiten – unter der Voraussetzung, dass konkurrenzfähige Produkte vorhanden sind – zurückbleiben. Daher ist die Einstellung von geeigneten Mitarbeitern für den Vertrieb extrem wichtig. Um im Wettbewerb um gute und knapper werdende Mitarbeiter zu bestehen (s.o.), ist es für das Unternehmen ratsam, alle Möglichkeiten, sich als attraktiver und moderner Arbeitgeber zu präsentieren, zu nutzen. Potentielle Eintrittskandidaten schätzen neben weiteren Angeboten besonders Weiterbildungsmöglichkeiten und das Thema Work-Life-Balance. Beide Themen können durch die Einrichtung von ZWK unterstützt werden, ohne dass für den Arbeitgeber nennenswerte Kosten anfallen. Durch eine richtige Ausgestaltung einer Betriebsvereinbarung können die möglichen Freistellungsphasen für eine Fortbildung oder eine Elternzeit mit ausreichenden Ankündigungsfristen versehen werden, so dass sich die Abwesenheitsphasen in den betrieblichen Ablauf integrieren lassen.

Die reibungslose Übergabe der Kunden vor dem Ausscheiden langjähriger Vertriebsmitarbeiter kann ebenfalls hervorragend über ein ZWK organisiert werden. Über den § 8 TzBfG besteht die Möglichkeit der Verringerung der Wochenarbeitszeit auch für ältere Mitarbeiter, so dass parallel ein junger Mitarbeiter im Umfang der frei werdenden Stunden eingearbeitet werden kann. Der Verdienstausfall des erfahrenen Mitarbeiters wird durch die Entnahme aus einem vorher aufgebauten ZWK ausgeglichen. Konkret auf den Betrieb bezogen wäre auch vorstellbar, dass ein jüngerer Mitarbeiter aus dem Vertriebsinnendienst über ein Jahr 50 % seiner Arbeitszeit in den Vertriebsaußendienst zur Einarbeitung investiert und vom ausscheidenden Kollegen eingearbeitet wird. Nach einem Jahr übernimmt der jüngere Kollege zu 100 % die Position des älteren Kollegen, der seine Arbeitszeit dann auf null reduziert und sein gesamtes Entgelt aus dem Wertguthaben erhält. Die Länge der

„Doppelbesetzung" wird je nach Relevanz der Kunden und dem zu übertragenden Gesamtkundenvolumen unterschiedlich sein und zwischen 6 und 24 Monaten schwanken.

Für den erfahrenen Mitarbeiter hat diese Variante den Vorteil, dass er je nach Gegebenheiten mit 61 oder 62 zunächst Teilzeit arbeitet und dann nach ein bis zwei Jahren vorzeitig in den Ruhestand geht und sein Entgelt aus dem Wertguthaben erhält.

Ein einfaches Berechnungsbeispiel zeigt, wie der Übergang in den Ruhestand für einen 54jährigen Mitarbeiter generell organisiert werden könnte. Wenn der Mitarbeiter ab dem 54. Lebensjahr 20 % eines Jahresbruttoeinkommens (71.000 €) in das Wertguthaben einbringt, dann stehen bei 2,5 % Verzinsung mit 61 ca. 110.000 € zur Verfügung*. Hiermit können insgesamt ca. 33 Monate Freistellung bei einer Entgelthöhe von 70 % des vorherigen Gehalts finanziert werden.

Ab dem 62. Lebensjahr könnte der Mitarbeiter seine Arbeitszeit für 12 Monate um 25 % reduzieren, wodurch Entgelt anteilig zu einer vollständigen Freistellung für 3 Monate aus dem Wertguthaben entnommen wird. Im nächsten Jahr reduziert der Mitarbeiter seine Arbeitszeit auf 50 % (es wird Entgelt anteilig für 6 Monate aus dem Wertguthaben entnommen), um danach für die letzten beiden Jahre des Übergangs in die Rente seine Arbeitszeit auf null zu reduzieren und das gesamte Entgelt aus dem Wertguthaben zu erhalten. Parallel zum schrittweisen Ausscheiden übernimmt sukzessive ein jüngerer Mitarbeiter die Aufgaben des älteren Mitarbeiters.

* *Berechnung für das Beispiel ohne Kosten und ohne weitere Verzinsung ab Entnahmebeginn, ohne SV-Beitrage des Arbeitgebers im Wertguthaben, ohne weitere Gehaltssteigerungen*

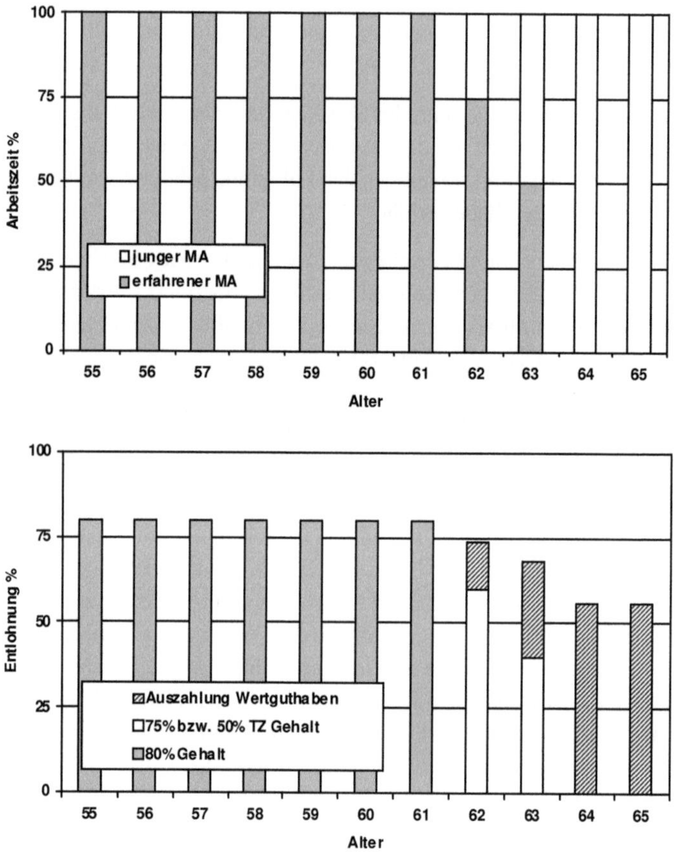

Abbildung 5:

Oben: Verteilung der Arbeitszeit zwischen ausscheidendem und nachrückendem Mitarbeiter beim Übergang in die Rente.

Unten: Gehaltskomponenten des ausscheidenden Mitarbeiters.

Quelle: Eigene Darstellung

4.4.2 Genereller Vorruhestand

Die Personalabteilung möchte den Mitarbeitern generell auch einen vorgezogenen Ruhestand ohne Rentenabschläge ermöglichen, insbesondere für die Jahrgänge ab 1964, für die die „Rente mit 67“ gilt. Wenn diese Jahrgänge wie heute oft anzutreffen mit 63 in Rente gehen, verliert ein Durchschnittsbeitragszahler (34.071 € sv-pflichtiges Entgelt p.a.) vier Entgeltpunkte für die gesetzliche Rente (ein Entgeltpunkt entspricht einer Rente von monatlich 28,14 €).[84] Beim 1,5 fachen des Durchschnitts (ca. 51.000 € sv-pflichtiges Entgelt p.a.) gehen sechs Entgeltpunkte verloren, woraus sich ein Rentenverlust von ca. 170 € ergibt. Zusätzlich vermindert sich die Rente um 14,4 % bei einer um vier Jahre vorgezogenen Renteneintritt.[85] Für den „Standardrentner“ mit ca. 45 Beitragsjahren beträgt der Verlust ca. 160 €. Bei höherem Einkommen (1,5 fache des Standardrentners) wächst der Abschlag auf 230 € an, wodurch insgesamt eine Rentenminderung von 400 € auftreten kann.

Wie ein rentenabschlagsfreier Vorruhestand für einen heute 44jährigen Angestellten finanziert werden kann, ist in Abbildung 6 dargestellt.

84 *Vgl. DRV Bund (2013 c): Rente: So wird sie berechnet – alte Bundesländer, S.8*

85 *Vgl. DRV Bund (2013 d): Die richtige Altersrente für Sie, S. 25*

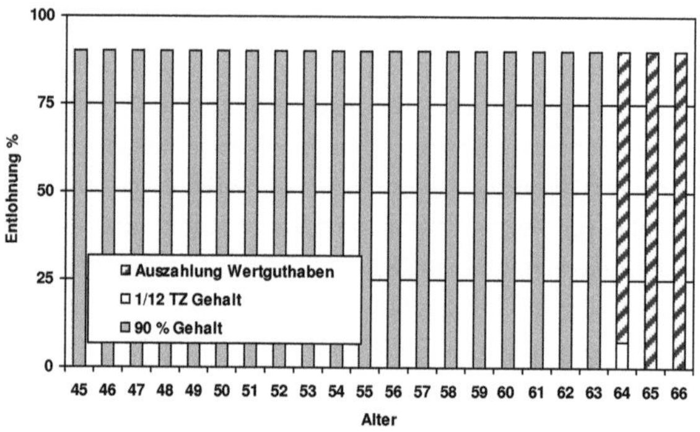

Abbildung 6: Vorruhestandlösung mit Einbringung von 10 % des Bruttoentgelts und ca. 3 Jahren Freistellung, Quelle: Eigene Darstellung

Wenn von einem Jahresbruttoeinkommen von 59.000 € p.a. 10 % jährlich in ein Wertguthaben investiert werden, stehen am Ende des 63. Lebensjahres bei einer angenommenen Verzinsung von 2,5 % p.a. ca. 156.000 € zur Verfügung*. Wird die Auszahlung aus dem Wertguthaben in gleicher Höhe wie das vorherige Gehalt fortgesetzt, dann können 35 Monate Freistellung finanziert werden. D.h. im ersten Jahr würde die Arbeitszeit auf einen Monat reduziert werden, um dann auf null abzusinken.

Für die Freistellung von knapp drei Jahren liegen die Nettoaufwendungen eines Arbeitnehmers mit einem laufenden Gehalt von 4.500 € monatlich (entspricht 59.000 € p.a. bei 13 Gehaltszahlungen) bei einer Einbringung von 450 € aus dem Bruttogehalt je nach Steuerklasse, Kirchensteuer, Kinderfreibeträgen usw. z.B. bei 240 € (Stkl. III, zwei Kinder) oder 280 € (Stkl. I, ohne Kinder) in einem normalen Monat ohne Weihnachts- oder Urlaubsgeld.

* *Berechnung für das Beispiel ohne Kosten und ohne weitere Verzinsung ab Entnahmebeginn, ohne SV-Beiträge des Arbeitgebers im Wertguthaben, ohne weitere Gehaltssteigerungen*

Ergänzend sei für oben genanntes Beispiel angemerkt, dass durch die ständige Einbringung von 10 % des Bruttolohns auch eine geringere Rentenanwartschaft aufgebaut wird und zwar 0,17 Entgeltpunkte weniger pro Jahr. Über 20 Jahre aufsummiert ergeben sich 3,46 Entgeltpunkte weniger oder 97 € weniger gesetzliche Rente (3,46 x 28,14 € Rente pro Entgeltpunkt).

Demgegenüber werden aber für fast drei Jahre während der Freistellung jährlich 53.000 € Bruttoentgelt aus dem Wertguthaben sv-pflichtig ausgezahlt, woraus sich eine Erhöhung der Rentenanwartschaft in der gesetzlichen Rente um 1,56 Entgeltpunkte pro Jahr ergibt (53.000 € / 34.071 € sv-pflichtiges Entgelt). Über drei Jahre werden somit insgesamt 4,67 Entgeltpunkte erworben, die bei 28,14 € Rente pro Entgeltpunkt eine um 131 € höhere DRV Rente bedeuten.

Die Einbringung ins Wertguthaben reduziert die gesetzliche Rente bei einem Einkommen unter der Beitragsbemessungsgrenze. Der Einbringungsbetrag mit Zinsen und Zinseszinsen wird bei der Auszahlung aber wieder verbeitragt, wodurch sich insgesamt eine Erhöhung der gesetzlichen Rente ergibt.

Der Vergleich macht deutlich, dass insgesamt gesehen in diesem Beispiel die Einbringung von Entgelt in ein Wertguthaben zu einem Anstieg der gesetzlichen Rente führt. Dieser Effekt ist umso ausgeprägter, je höher die Verzinsung und je länger die Laufzeit sowie der damit verbundene Zinseszinseffekt sind. Natürlich gelten die Ausführungen nur für Einkommen unterhalb der Beitragsbemessungsgrenze zur gesetzlichen Rentenversicherung.

4.4.3 Berechnungsbeispiele für den Vorruhestand

In der Fachliteratur findet sich an keiner Stelle eine einfache Übersicht über die Möglichkeiten und Grenzen einer arbeitnehmerfinanzierten Vorruhestandsregelung. Der Vorteil der folgenden Darstellung ist die Angabe der prozentualen Einbringungshöhe vom Jahresbruttogehalt. Auch wenn unten in der Tabelle das Jahresbruttogehalt angegeben ist, so bleiben die Freistellungsmonate durch die prozentuale Einbringungshöhe auch bei höherem oder niedrigerem Jahresbruttogehalt konstant.

Die grau unterlegten Freistellungsmonate geben das Jahr an, nach dem nicht mehr für ein weiteres volles Jahr eine Zuführung zum Wertguthaben erfolgen darf, da das Wertguthaben sonst während der Freistellung nicht verbraucht werden kann. Wenn also ein Mitarbeiter ab seinem 34. Lebensjahres fünf Prozent vom Jahresbruttogehalt in ein Zeitwertkonto einbringt, so stehen ihm mit 63 bei einer Verzinsung von 2,5 % p.a. ca. 85.000 € zur Verfügung, die er sich bei einem Freistellungsgehalt von 2217 € (40.000 € Jahresgehalt / 12= 3.333 €, davon 95 % = 3.167 €, davon 70 % = 2.217 €) über ca. 38,7 Monate auszahlen lassen könnte (Tab. 5).

Der Mitarbeiter würde z.B. ohne weitere Einbringung nach dem 63. Geburtstag noch 10 Monate arbeiten (3.167 € Bruttogehalt) und dann 38 Monate in Freistellung gehen bei 70 % der vorherigen Bezüge (2.217 €).

Würde er ein weiteres Jahr die gleiche Einbringung in das Wertguthaben leisten, dann hätte er mit 64 ein Wertguthaben für über 40 Monate Freistellung angesammelt, die bei 70 % Gehalt in drei Jahren nicht mehr verbraucht werden könnten. Abhilfe könnte hier natürlich eine geringfügige Anhebung des Freistellungsgehalts schaffen, wodurch das Wertguthaben bis zum Rentenbeginn vollständig verbraucht wird. Denkbar wäre in diesem Zusammenhang auch eine temporäre Erhöhung der Auszahlung aus dem Wertguthaben, da keine Vorschriften bekannt sind, die ein konstantes Entgelt aus dem Wertguthaben vorschreiben.

Eine genauere Berechnung als in der Tabelle angegeben erscheint nicht sinnvoll, da damit eine Scheingenauigkeit suggeriert werden würde, die in der Praxis (keine konstante Verzinsung, Gehaltssteigerung) nicht zu realisieren ist.

Auch wenn die Berechnung nur vereinfacht ist, so wird doch deutlich, dass sich bei einem Einzahlungsbeginn ab Mitte 30 durch den Zinseszinseffekt und das Sparen aus dem Bruttogehalt mit realistischen Umwandlungsbeträgen von z.B. fünf Prozent des Einkommens zwei bis vier Jahre Vorruhestand, je nach Freistellungsgehalt, aus dem Wertguthaben finanzieren lassen.

Ergänzend sei gesagt, dass ein Modell mit 4 % Vertriebskosten und 0,25 % jährlichen Verwaltungskosten bei einer Verzinsung von 3 % für einen 35jährigen Mitarbeiter zu fast den gleichen Ergebnissen kommt wie in der umseitig stehenden Tabelle.

		Einbringung vom Jahresbruttogehalt	Auszahlung aus dem Wertguthaben	Alter / Freistellungsmonate					
				61	62	63	64	65	66
Alter bei ZWK-Einrichtung	34	5%	70% Gehalt	35,1	36,9	**38,7**	40,6	42,5	44,5
			100% Gehalt	24,5	25,8	27,1	**28,4**	29,8	31,2
			130% Gehalt	18,9	19,8	20,8	21,9	**22,9**	24,0
		7,5%	70% Gehalt	54,0	**56,8**	59,6	62,5	65,5	68,6
			100% Gehalt	37,8	39,8	**41,7**	43,8	45,9	48,0
			130% Gehalt	29,1	30,6	32,1	**33,7**	35,3	36,9
		10%	70% Gehalt	74,0*	77,8	81,7	85,7	89,8	94,0
			100% Gehalt	51,8	**54,5**	57,2	60,0	62,9	65,8
			130% Gehalt	39,9	41,9	**44,0**	46,2	48,4	50,6
	44	5%	70% Gehalt	19,3	20,7	22,1	**23,6**	25,1	26,7
			100% Gehalt	13,5	14,5	15,5	16,5	**17,6**	18,7
			130% Gehalt	10,4	11,1	11,9	12,7	**13,5**	14,4
		10%	70% Gehalt	40,7	43,7	**46,8**	49,9	53,1	56,4
			100% Gehalt	28,5	30,6	32,7	**34,9**	37,2	39,4
			130% Gehalt	21,9	23,5	25,2	**26,9**	28,6	30,3
		15%	70% Gehalt	**64,7**	69,4	74,3	79,2	84,3	89,5
			100% Gehalt	45,3	**48,6**	52,0	55,5	59,0	62,7
			130% Gehalt	34,8	37,4	**40,0**	42,7	45,4	48,2

Alter bei ZWK-Einrichtung	Einbringung vom Jahresbruttogehalt	Auszahlung aus dem Wertguthaben	Alter / Freistellungsmonate 61	62	63	64	65	66
54	10%	70% Gehalt	14,7	17,1	19,4	**21,9**	24,4	
		100% Gehalt	10,3	11,9	13,6	**15,3**	17,1	
		130% Gehalt	7,9	9,2	10,5	11,8	**13,1**	
	15%	70% Gehalt	23,4	27,1	**30,9**	34,7	38,7	
		100% Gehalt	16,4	19,0	**21,6**	24,3	27,1	
		130% Gehalt	12,6	14,6	16,6	**18,7**	20,8	
	20%	70% Gehalt	33,2	**38,4**	43,7	49,2	54,8	
		100% Gehalt	23,2	26,9	**30,6**	34,5	38,4	
		130% Gehalt	17,9	20,7	23,5	**26,5**	29,5	

2,5% Verzinsung p.a. bis zur Freistellung,
Jahresbruttoeinkommen: Alter 34: 40.000 €, Alter 44: 59.500 €,
Alter 54: 71.000 €, ohne Gehaltssteigerungen,
* Ende der Einbringung vor dem 61. Geburtstag

Tabelle 5: Freistellungsmonate in Abhängigkeit vom eingebrachten Entgelt bei unterschiedlichem Freistellungsgehalt und Beginn der Einbringung, im hervorgehobenen Jahr ist die maximale Anzahl der Freistellungsmonate erreicht.

4.5 BERECHTIGTE MITARBEITER

Wie oben beschrieben kann prinzipiell für jeden Mitarbeiter ein Wertguthaben eingerichtet werden. Wenn aus personalpolitischen Gründen die Auswahl der Mitarbeiter eingeschränkt werden soll, ist das AGG[86] (z.B. Diskriminierungsverbot auf Grund des Geschlechts, der Hautfarbe, des Alters usw.) zu beachten. Darüber hinaus gilt ein allgemeiner Gleichbehandlungsgrundsatz, der ein Willkürverbot enthält. Demnach dürfen einzelne Mitarbeiter innerhalb einer abgrenzbaren Mitarbeitergruppe nicht von bestimmten Vorteilen ausgeschlossen werden.[87]

Tabelle 6: Beispiel für einbringungsberechtigte Mitarbeiter

Personengruppe	Nutzung ZWK	keine Nutzung ZWK
Abteilung		
Vertriebsaußendienst	x	
Vertriebsinnendienst	x	
General Management	x	
Buchhaltung	x	
Finanz & Administration	x	
Marketing	x	
Anwendungstechnik	x	

86 *Vgl. AGG (2013): Allgemeines Gleichbehandlungsgesetz vom 14. August 2006*

87 *Vgl. Höfer, R. (2012): Betriebsrentenrecht. Band 1, RZ 659 ff.*

Personengruppe	**Nutzung ZWK**	**keine Nutzung ZWK**
Dauer der Betriebszugehörigkeit		
ab 2 Jahre		x
ab 5 Jahre	x	
ab 10 Jahre	x mit AG-Zuschuss	
Anstellungsverhältnis		
Auszubildende		x
befristet Beschäftigte		x
geringfügig Beschäftigte		x
Sonstiges	...	...

Denkbar wäre daher, dass die Auswahl der berechtigten Mitarbeiter eingeschränkt wird durch Differenzierung nach den oben stehenden Angaben. Mit einer Einschränkung auf bestimmte Abteilungen kann der Arbeitgeber ein ZWK als Anreizsystem nutzen, um z.B. den Wechsel von jüngeren Mitarbeitern aus dem Vertriebsinnendienst in den Vertriebsaußendienst zu fördern.

Über die Differenzierung nach der Beschäftigungsdauer im Unternehmen hat der Arbeitgeber eine weitere Möglichkeit, Mitarbeiter an das Unternehmen zu binden. Denkbar wäre, dass die Mitarbeiter erst ab fünf Jahren Betriebszugehörigkeit am ZWK teilnehmen dürfen.

4.6 AUSGESTALTUNG DER EINBRINGUNGSMÖGLICHKEITEN

Hinsichtlich des Tarifvertrags (s.o.) ergeben sich keine zu beachtenden Vorschriften oder Einschränkungen bezüglich der Einbringungsmöglichkeiten. Die Personalabteilung des Beispielunternehmens schlägt vor, dass folgende Bestandteile in ein ZWK eingebracht werden können:

› laufendes Entgelt bis maximal 20 % der Jahresgesamtvergütung

› Urlaubs- oder Weihnachtsgeld

› erfolgsabhängige Sonderzahlungen

› Urlaubstage (max. fünf Urlaubstage)

Überstunden sollen nicht eingebracht werden, da der Arbeitgeber befürchtet, dass unter Umständen mehr Überstunden oder Pausen gemacht werden, um damit das Vorruhestandskonto zu füllen („Rauchen für die Rente").

Der Arbeitgeber kann ein Zeitwertkonto zur gezielten Förderung bestimmter Abteilungen nutzen. Er kann z.B. alle neuen Mitarbeitern im Vertriebsaußendienst durch eine Einmalprämie oder einen generellen Zuschuss fördern, wobei vermutlich ein unregelmäßiger Einmalzuschuss beim Arbeitnehmer eine positivere Wirkung hinterlässt als ein regelmäßiger Zuschuss, der irgendwann vom Arbeitnehmer „vergessen" oder als selbstverständlich erachtet wird.

Ebenso kann der Arbeitgeber die Betriebstreue fördern durch eine Sonderprämie bei einer bestimmten Betriebszugehörigkeit.

Möglich wäre auch bei einem knapper werdenden Fachkräftemarkt, dass z.B. Mitarbeiter im Vertriebsaußendienst, die einen neuen qualifizierten Mitarbeiter anwerben, eine Sonderzahlung zum Zeitwertkonto erhalten.

4.7 AUSGESTALTUNG DER FREISTELLUNGSMÖGLICHKEITEN

Auf Grund der o.g. Zusammenhänge möchte der Arbeitgeber eine Freistellung generell zulassen für:

- Zeiten direkt vor der Altersrente
- Teilfreistellungen vor der Altersrente

Des Weiteren sollen Freistellungsmöglichkeiten generell angeboten werden für:

- Fortbildungsmöglichkeiten

Darüber hinaus möchte der Arbeitgeber Freistellungen nach

individueller Absprache zulassen für:

- alle übrigen zulässigen Freistellungszwecke
- (Elternzeit, Pflegezeit, Teilzeit)

Alle Freistellungszwecke haben für den Arbeitgeber das Ziel, sich als moderner Arbeitgeber zu präsentieren, der neben einem sicheren Arbeitsplatz den Mitarbeitern zusätzliche Möglichkeiten zur Vereinbarung von Beruf und privaten Belangen bietet.

4.8 BUCHHALTUNG, SV-LUFT, STÖRFALLABRECHNUNG, INFORMATIONSPFLICHT

Wie oben beschrieben muss der Arbeitgeber

- das Wertguthaben und die AG-Beiträge zur SV aufzeichnen
- die Aufzeichnungen zur SV-Luft erstellen
- alle Angaben zur Einrichtung und Änderung im Sinne des SV-Rechts aufzeichnen und
- Angaben beim Arbeitnehmer zur Insolvenzsicherung machen.

Hier stellt sich für die konkrete Umsetzung die Frage, ob der Arbeitgeber die genannten Aufzeichnungs- und Informationspflichten selbst erfüllt, oder ob er die Arbeiten an einen externen Dienstleister delegiert (s.u.).

Hinsichtlich der im Theorieteil beschriebenen Differenzierung zwischen einem „statischen“ (Wertguthaben = umgewandeltes Entgelt + AG-Anteil am Gesamtsozialversicherungsbeitrag + Erträge) und einem „dynamischen“ Wertguthabenbegriff (Wertguthaben = umgewandeltes Entgelt + veränderbarer AG-Anteil am Gesamtsozialversicherungsbeitrag + Erträge) kann einem Arbeitgeber im ersten Schritt nur empfohlen werden, die sozialversicherungsrechtlich abgesicherte Variante des „statischen Wertguthabens“ zu wählen. Falls sich der Arbeitgeber dennoch für die zweite Variante entscheidet, sollte er eine (sozialversicherungs-) rechtliche Beratung bei einem spezialisierten Beratungsunternehmen einholen.

4.9 AUSWAHL DER FINANZIERUNGSFORM UND DES ANBIETERS

Das Unternehmen kann sich prinzipiell zwischen einer internen und einer externen Finanzierung entscheiden. Zur Minimierung des internen Verwaltungsaufwands für die Kontenführung und die Insolvenzsicherung hat sich das Unternehmen für eine externe Finanzierung entschieden.

Im Hinblick auf die gewünschten Freistellungsmöglichkeiten (Fortbildung / Sabbatical und Vorruhestand) ist eine Anlageform notwendig, die zu jedem Entnahmebeginn die notwendige Werterhaltungsgarantie sicherstellt. Bei Lösungen über Garantiefonds oder Life-Cyle-Fonds kann eine Beitragsgarantie in der Regel nur für eine Vorruhestandslösung darstellt werden.

Daher wurde dem Unternehmen eine Lösung über eine Versicherungsgesellschaft (R+V Lebensversicherung AG) angeboten. Hier stehen für die Kapitalanlage zwei Varianten zur Auswahl. Bei der Variante LAZ mit Garantie ist eine garantierte Verzinsung von 1,75 % p.a. hinterlegt und eine laufende Überschussbeteiligung von ebenfalls 1,75 %. Zusätzlich wird dem Wertguthaben eine Beteiligung an den Bewertungsreserven gutgeschrieben. Bei der zweiten Variante LAZ mit Garantie und Fonds werden die Überschüsse in einem europäischen Aktienfonds angelegt und ab dem 55. Lebensjahr des Mitarbeiters sukzessive in einen europäischen Anleihefonds umgeschichtet.

4.10 INSOLVENZSICHERUNG

Generell stehen drei Varianten zur Insolvenzsicherung eines Wertguthabens zur Verfügung. Bei einer internen Finanzierung wird das im Unternehmen verbliebene Guthaben durch eine Kautionsversicherung gegen einen Ausfall abgesichert. Da das Unternehmen als Bürge für die Versicherung auftritt, ist diese Dauerhaftigkeit dieser Variante von der Bonität des Unternehmens abhängig. Gleiches gilt bei einer Bankbürgschaft, die ebenfalls von der Bonität des Unternehmens abhängig ist.[88] Einfacher und dauerhafter sind die Insolvenzsicherungslösungen über eine Verpfändung oder eine Treuhandlösung. Generell werden Treuhandlösungen eher bei größeren Kollektiven eingesetzt, da nicht für jeden Mitarbeiter eine separate Vereinbarung notwendig ist. Auch sind sie etwas teurer als Verpfändungslösungen. Für Großunternehmen bietet sich die Einrichtung von unternehmens- oder konzerninternen Treuhandeinrichtungen mit eigenständiger Rechtspersönlichkeit an, wodurch eine individuell entwickelte Treuhandlösung möglich ist. KMUs werden sich bestehenden Treuhandlösungen anschließen, die zum Beispiel von Versicherungskonzernen eingerichtet werden und für viele Unternehmen gleichzeitig die Insolvenzsicherung übernehmen. Bei einer Insolvenzsicherung über ein Treuhandverhältnis wird in der Regel eine sog. doppelseitige Treuhand eingerichtet. D.h., es besteht einerseits ein Verwaltungsauftrag (Verwaltungstreuhand) für das angesammelte Wertguthaben und andererseits besteht ein Sicherungsverhältnis gegenüber den Arbeitnehmern (Sicherungstreuhand), wobei die Rückführung des Wertguthabens an den Arbeitgeber im Insolvenzfall ausgeschlossen ist.[89]

88 *Vgl. Baier, M. (2013) Vorlesungsskript „Einführung in die Thematik Zeitwertkonten", FH Koblenz*

89 *Vgl. Bechtoldt. M. und J. May (2012): Zeitwertkonten. Haufe Verlag, S. 73 ff.*

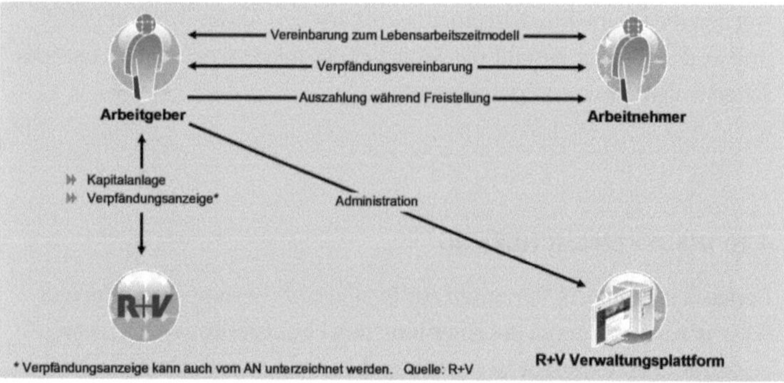

Abbildung 7: Verpfändung und Zahlungsströme zwischen Arbeitgeber, Arbeitnehmer und Wertkontoanbieter, Quelle: R+V-Lebensversicherung AG

Bei einer Verpfändung wird für jeden Arbeitnehmer eine separate Verpfändungsvereinbarung erstellt und die Verpfändung bei der Versicherung angezeigt. Die Anzeige ist notwendig, damit die Versicherung im Insolvenzfall nicht an den Arbeitgeber auszahlt. Im Falle der Pfandreife, also wenn der Schuldner (Arbeitgeber) bei Fälligkeit der Leistungen nicht leistet (Insolvenz), hat der Gläubiger (Arbeitnehmer) ein so genanntes Absonderungsrecht. Das verpfändete Wertguthaben fällt damit nicht in die Insolvenzmasse, sondern es wird von ihr abgesondert und steht dem Arbeitnehmer zu.

Generell werden Verpfändungsmodelle eher bei kleineren Unternehmen eingesetzt, da bei Großunternehmen mit zunehmender Teilnehmerzahl der Verwaltungsaufwand sehr groß wird. Neben der separaten Verpfändungsvereinbarung ist für jeden Mitarbeiter auch eine Freigabeerklärung für die Auszahlung im Störfall oder zur Finanzierung der Freistellungsphase notwendig. Auch alle sonstigen Änderungen bedürfen der Zustimmung des Arbeitnehmers.[90]

Das Unternehmen im Praxisfall hat sich auf Grund der Unternehmensgröße und der geringeren direkten und indirekten Kosten (Bereitstellung von Know-how, Rechtsberatungskosten) wie allgemein üblich für ein standardisiertes Verpfändungsmodell einer Versicherung entschieden.

90 *Vgl. Kümmerle, K. et al. (2009): Betriebliche Zeitwertkonten. 2. Auflage. S. 137 ff.*

4.11 KOSTEN DES ZEITWERTKONTOS

Die im Folgenden angegebenen Kosten stellen nur Richtwerte dar, die immer auf Grund der betrieblichen Gegebenheiten (Teilnehmeranzahl, durchschnittliche Einbringungshöhe, etc.) individuell angepasst werden.

Die Kosten für den Vertragsabschluss und den Vertrieb betragen im Allgemeinen drei bis fünf Prozent jeder Einbringungssumme. Die Höhe der jährlichen Verwaltungskosten für das Wertguthaben sinken mit zunehmender Höhe des Wertguthabens von 0,5 % (bis 10.000 €) auf 0,1 % (ab 60.000 €). Weitere Stückkosten pro Vertrag oder Inkassokosten fallen in der Regel nicht an.

Für die Nutzung der Verwaltungsplattform beträgt der Kostensatz je nach Unternehmensgröße bei vielen Anbietern ca.10 € bis 28 € pro Mitarbeiterkonto und Jahr. Die Gebühr beinhaltet auch die Abwicklung der Verpfändung des Wertguthabens an die Mitarbeiter. Die Verwaltungsplattform muss nicht durch den Arbeitgeber genutzt werden, jedoch wird durch sie bei klar definierten Kosten ein Großteil der Verwaltung ausgelagert.

4.12 ADMINISTRATION UND VERWALTUNG

Für die Einrichtung und Verwaltung sind in der Praxis folgende Schritte notwendig:

LAZ-Anmeldung (Arbeitgeber) und Meldebogen für Mitarbeiter:

Der Arbeitgeber erklärt seine Teilnahme an LAZ und wird Versicherungsnehmer für die abzuschließenden Versicherungstarife der Mitarbeiter.

Mit dem Meldebogen werden die einzelnen Mitarbeiter mit dem jeweiligen Versicherungsbeginn, der Einbringungshöhe, dem Rechtskreis für die Berechnung der SV-Luft (Ost/West) und dem Arbeitgeberanteil am Gesamtsozialversicherungsbeitrag genannt. Der SV-Wert wird in der Praxis pauschal festgelegt – auch für Entgelt oberhalb der jeweiligen BBG (s.o.) – oft auf einen Wert etwas oberhalb des tatsächlichen SV-Arbeitgeber-Anteils.

LAZ Umwandlungsvereinbarung (Arbeitgeber/Arbeitnehmer):

Mit der Erklärung legt der Arbeitnehmer seinen Umwandlungsbetrag aus laufendem Gehalt oder aus Sonderbezügen (z.B. Sonderzahlung, Urlaub) fest.

LAZ Verpfändungsvereinbarung:

Aus Gründen des o.g. Insolvenzschutzes muss eine Verpfändungserklärung vom Arbeitgeber und von jedem teilnehmenden Mitarbeiter unterschrieben werden.

Verwaltungsportal:

Der Arbeitgeber hat sich für die Nutzung des Verwaltungsportals entschieden, da es ihm eine Reihe von Vorteilen bietet. Das Wertguthabenkonto des Mitarbeiters wird gemäß der gesetzlichen Vorschriften für den Arbeitgeber inkl. der SV-Beiträge des Arbeitgebers geführt (§ 7d Abs. 1 SGB IV) und der Arbeitnehmer wird einmal jährlich in Textform über den Stand des Wertguthabens informiert (§ 7d Abs. 2 SGB IV).

Des Weiteren wird für den Arbeitgeber die SV-Luft nach dem Summenfelde-Modell oder dem Optionsmodell berechnet. Da das Optionsmodell nie „schlechtere“ Werte für die SV-Luft ergibt als das Summenfelder-Modell, wird dem Arbeitgeber das Optionsmodell empfohlen.

Arbeitgeber-Dialoge	Arbeitnehmer-Dialoge
Lese – und Schreibberechtigung	Leseberechtigung
Kontoauszüge der Arbeitnehmer (inkl. AG-Anteil SV)	Kontoauszug (exkl. AG-Anteil SV) (Arbeitnehmer-Ebene: „Mein Konto“)
Jahreskontoauszug als Dokument (Arbeitgeber- und Arbeitnehmer-Ebene)	Jahreskontoauszug als Dokument
Erfassungs- und Freigabedialoge von Arbeitnehmer-Profilen, Einbringungen, Entnahmen, Störfälle	Prognoserechner Freistellungsrechner
Prognoserechner Freistellungsrechner	
Reportings z. B. Bestandsübersichten (Vorgangslisten, Anlageübersichten, Störfälle, Entnahmen)	

Abbildung 8: Arbeitgeber- und Arbeitnehmer-Berechtigung im Verwaltungsportal, Quelle: R+V-Lebensversicherung AG

4.13 KRANKHEIT, URLAUB UND DIENSTWAGEN WÄHREND DER FREISTELLUNGSPHASE

Nach § 49 Abs. 1 Nr. 6 SGB V besteht während der Freistellungsphase kein Anspruch auf Krankengeld, da keine Arbeitsleistung geschuldet wird. Ein Anspruch auf Entgeltfortzahlung durch den Arbeitgeber besteht während der Freistellung ebenfalls nicht. Eine abweichende Regelung kann aber zwischen Arbeitnehmer und Betriebsrat getroffen werden.[91]

Der Anspruch auf Urlaub ruht während der Freistellung ebenfalls. Allerdings kann ebenfalls eine abweichende Regelung in die Betriebsvereinbarung aufgenommen werden.

91 *Uckermann, S. (2009): Betriebliche Altersversorgung und Zeitwertkonten. S. 372*

Falls dem Arbeitnehmer während vor der Freistellung ein Dienstwagen (z.B. Vertriebsaußendienst) zustand, sollte in der Wertguthabenvereinbarung geklärt werden, ob der Dienstwagen auch in der Freistellungsphase genutzt werden kann. In der Regel wird der Dienstwagen während der Freistellung nicht mehr bereitgestellt.

4.14 BETRIEBSVEREINBARUNG

Da in der GmbH ein Betriebsrat vorhanden ist, empfiehlt sich der Abschluss einer Betriebsvereinbarung über die Einrichtung von Zeitwertkonten.

Unter einer Betriebsvereinbarung versteht man einen Vertrag zwischen dem Arbeitgeber und dem Betriebsrat, in dem bestimmte rechtliche Regelungen schriftlich fixiert werden, also z.B. ob eine Versorgungsordnung eingeführt wird. Eine Betriebsvereinbarung gilt unmittelbar und zwingend, d.h. sie gilt für alle Mitarbeiter - mit Ausnahme der leitenden Angestellten nach § 5 BetrVG - unabhängig davon, ob den Mitarbeitern die Regelungen der Betriebsvereinbarung bekannt sind, wobei eine Schlechterstellung einzelner Arbeitnehmer nicht zulässig ist.[92]

Damit die Regelungen zum LAZ eine hohe Akzeptanz im Unternehmen erhalten, ist eine frühzeitige Einbindung des Betriebsrats in die Ausgestaltung der Einbringungs- und Verwendungsmöglichkeiten generell empfehlenswert.

4.15 WERTGUTHABENVEREINBARUNG

Die Wertguthabenvereinbarung, die im Praxisfall ein Bestandteil der Betriebsvereinbarung wird, ist die „Versorgungsordnung" für Zeitwertkonten. Sie wird in der Regel von Beratungsunternehmen oder spezialisierten Rechtsanwälten erstellt. Mustervereinbarungen, die immer einer betriebsindividuellen Anpassung bedürfen, werden von Lebensversicherungsgesellschaften mit entsprechender Fachexpertise bei einer gemeinsamen Umsetzung bereitgestellt. Falls kein Betriebsrat vorhanden ist, wird die Wertguthabenvereinbarung separat erstellt.

92 *Höfer, R. (2012): Betriebsrentenrecht. Band 1, RZ 253 ff.*

Wichtige Punkte einer Wertguthabenvereinbarung, die sich aus den gesetzlichen Vorschriften und den betrieblichen Belangen ergeben sind z.B.:

› Teilnehmerkreis
(unterschiedliche Regelungen für verschiedene MA-Gruppen)

› Einbringungsmöglichkeiten
(Was darf eingebracht werden, was nicht?)

› Insolvenzsicherung

› Kapitalanlage, Rückdeckung

› Kostenverteilung (Arbeitgeber/Arbeitnehmer)

› Jährliche Information des Mitarbeiters

› Freistellungszwecke

› Freistellungsdauer

› Höhe der Bezüge in der Freistellungsphase

› bAV während der Freistellung,
vor allem AG-finanzierte Leistungen

› Ankündigungsfrist des Arbeitnehmers

› Lohnfortzahlung im Krankheitsfall während der Freistellung

› Krankengeldzahlung während der Freistellung

› Urlaubsanspruch während der Freistellung

› Dienstwagen während der Freistellung

› Umwandlung in bAV

› Kündigungsfrist

4.16 INFORMATIONSPROZESS ZUR PRAKTISCHEN EINFÜHRUNG VON ZEITWERTKONTEN

In dem vorliegenden Praxisfall hat die Personalabteilung großes Interesse an der Einführung von Zeitwertkonten. Damit auch andere Anspruchsgruppen, wie z.B. die Geschäftsführung oder der Betriebsrat von dem Projekt überzeugt werden, sollten ihnen zunächst die wichtigsten Elemente von Zeitwertkonten in Form einer Präsentation komprimiert erläutert werden. In Vorgesprächen wurde deutlich, dass der Geschäftsleitung auch das Thema „Bilanzen" sehr wichtig ist, daher wird in der Präsentation die Rückstellungsbildung, der Aktivwert und die Saldierungsfähigkeit erläutert. Der Foliensatz für die Präsentation im Unternehmen ist im Anhang dargestellt.

In einem zweiten Schritt wird zur Erstinformation der Mitarbeiter eine zweiseitige Mitarbeiterinformation entwickelt, die über die Personalabteilung an alle Mitarbeiter verteilt wird (z.B. Anlage zur Gehaltsabrechnung). Der Inhalt der Mitarbeiterinformation ist zur Vermeidung von Unstimmigkeiten eng mit der Personalabteilung und dem Betriebsrat abzustimmen. Ein Entwurf der Mitarbeiterinformation ist im Anhang dargestellt.

Als dritter Schritt erfolgt die Präsentation des Themas Zeitwertkonten für alle Mitarbeiter auf einer Mitarbeiterversammlung. Am Ende der Mitarbeiterversammlung erhalten alle Mitarbeiter ein Anforderungsformular für eine individuelle Musterberechnung. Die Mitarbeiter können wählen zwischen einem Einbringungsbetrag oder einer gewünschten Freistellungsdauer als Berechnungs-grundlage.

Durch den dreistufigen Informationsprozess (1. Geschäftsleitung und Betriebsrat, 2. schriftliche Erstinformation der Mitarbeiter, 3. Präsentation auf einer Mitarbeiterversammlung mit Angebot der individuellen Angebotsberechnung) wird sichergestellt, dass alle betroffenen Gruppen innerhalb des Unternehmens bei der Einführung von Zeitwertkonten „mitgenommen werden".

Wichtig ist ebenfalls die Information der Buchhaltung über die Anbindung des Zeitwertkontenportals an die Lohnabrechnung. Hier sind vor allem rechtzeitig Bedenken hinsichtlich einer Mehrarbeit (Berechnung und Führung der SV-Luft, jährliche Information über die Höhe des Wertguthabens) durch gezielte Information zu entkräften.

5 Zusammenfassung

Zeitwertkonten sind heute in kleinen und mittleren Betrieben noch nicht weit verbreitet, vermutlich weil die vielfältigen Vorteile für den Arbeitgeber und die Arbeitnehmer noch wenig bekannt sind. Arbeitnehmer können sich einen vielfach gewünschten Vorruhestand durch laufende oder unregelmäßige Einbringungen selbst finanzieren, ohne dass sie irgendein finanzielles Risiko eingehen. Vor allem bei frühzeitigem Beginn der Einzahlungen können schon mit fünf Prozent des Bruttogehalts einige Jahre Vorruhestand finanziert werden, ohne die sonst üblichen Rentenabschläge. Auch andere Freistellungszeiten, wie z.B. Freistellungen für eine Elternzeit oder für Fortbildung lassen sich finanzieren, womit ein Baustein zur besseren Vereinbarkeit von Beruf und Familie durch den Arbeitgeber bereitgestellt werden kann. Damit steht dem Arbeitgeber eine weitere Komponente zur Erhöhung seiner Attraktivität für künftig knapper werdende Arbeitskräfte bereit. Insbesondere vor dem Hintergrund, dass Frauen in vielen Bereichen der hochqualifizieren Ausbildung ihre männlichen Kollegen überholen, wird es nur noch eine Frage der Zeit sein, bis Arbeitgeber auf gut ausgebildete und qualifizierte Frauen nicht verzichten wollen oder können.

Durch das Flexi II Gesetz, die ergänzenden Schreiben der Spitzenverbände der Sozialversicherungsträger und die relevanten Schreiben des Bundesfinanzministeriums sind heute für den Arbeitgeber auf den ersten Blick bei der Einführung von Zeitwertkonten eine Vielzahl von Vorschriften und Regelungen zu beachten. Viele Regelungen scheinen zunächst kompliziert - z.B. die Fragen der Sozialversicherungsbeiträge des Arbeitgebers oder der Bilanzierung von Zeitwertkonten - doch wenn sich der Arbeitgeber mit dem Thema näher beschäftigt, wird er feststellen, dass viele Fragestellungen einfach gelöst werden können oder die befürchteten negativen Auswirkungen nicht auftreten. Zudem stehen einige spezialisierte Produktanbieter - vor allem aus dem Lebensversicherungsbereich - bereit, die über umfangreiches Know-how zur Implementierung von Zeitwertkonten verfügen. Somit kann heute eigentlich jedes bilanzierende Unternehmen dieses innovative Vergütungsinstrument ohne große direkte oder indirekte Kosten durch erhöhten Verwaltungsauswand nutzen.

Der erste Teil der vorliegenden Arbeit stellt die wichtigsten rechtlichen Vorschriften für „neue“ Zeitwertkonten nach der Einführung von Flexi II und die aktuellsten Entscheidungen (z.B. zur Anerkennung von Zeitwertkonten für Gesellschafter-Geschäftsführer) dar, so dass der Text auch als Arbeitshilfe für Berater oder Arbeitgeber dienen kann.

Darauf aufbauend wird im zweiten Teil anhand eines Fallbespiels beschrieben, warum und wie in der Praxis ein Zeitwertkontenmodell eingeführt werden kann. Hier wird dargestellt, welche Einbringungsleistungen für welches Mitarbeiteralter sinnvoll sein können und welche Punkte in einer Wertguthabenvereinbarung genannt werden sollten. Sinnvoll wäre es für das Beispielunternehmen eine Regelung zu Zeitwertkonten gezielt in der Abteilung mit dem höchsten Altersdurchschnitt der Mitarbeiter anzubieten. Damit wäre die Abteilung zum einen für interne und externe Neueinsteiger attraktiver und die Firma hätte gleichzeitig die Möglichkeit, die Branchenkenntnis der ausscheidenden Mitarbeiter länger im Unternehmen zu halten. Möglich wäre eine Beschäftigung über das 63. oder 64. Lebensjahr hinaus in Form einer Teilzeitbeschäftigung bei gleichzeitiger Einarbeitung eines neuen Mitarbeiters. Diese „Tandemlösung“ für ein bis zwei Jahre ist sicher nicht immer einfach in den betrieblichen Ablauf zu integrieren, doch wird sie vielleicht für den Arbeitgeber attraktiver sein als den vollständigen Verlust eines altgedienten Mitarbeiters mit hohem Erfahrungswissen, bevor er seine Regelaltersgrenze erreicht hat. Auch ohne „Tandemlösung“ mag es für viele Arbeitgeber besser sein, wenn sie einen erfahrenen Mitarbeiter ein bis zwei Jahre länger im Unternehmen halten können, und sei es nur mit einer Beschäftigung von 50 %. Diese Form der Beschäftigung, z.B. von Dienstag bis Donnerstag, kommt sicher auch einem erhöhten Regenerationsbedürfnis vieler älterer Mitarbeiter auf Grund körperlicher oder psychischer Belastung am Arbeitsplatz entgegen.

Auf der anderen Seite kann der Arbeitgeber natürlich auch durch Bezuschussung des Wertguthabens einen vorgezogenen Ruhestand fördern, falls in bestimmten Abteilungen strukturell zu viele ältere Mitarbeiter beschäftigt sind. Doch diese Fragestellung trat im Beispielunternehmen nicht auf und wird vermutlich in der Zukunft zumindest für qualifizierte Fachkräfte - gegenwärtig liegt die Arbeitslosenrate für Akademiker bundesweit bei unter 3 % - nur selten auftreten.

Neben allem Fachwissen ist im Einrichtungsprozess eine ausführliche und zielgruppengerechte Information aller Beteiligten im Unternehmen (Betriebsleitung, Verwaltung, Betriebsrat, Mitarbeiter) und außerhalb (Steuerberater) notwendig, um mögliche Einwände rechtzeitig auszuräumen.

Wenn das gelingt, kann die Einrichtung eines Zeitwertkontos für alle Beteiligten einen echten Mehrwert bieten. Mitarbeiter können eher in den Ruhestand und das unter Umständen mit einer höheren gesetzlichen Rente. Der Arbeitgeber wird für knappe Fachkräfte attraktiver und kann vorhandene Mitarbeiter vielleicht etwas länger halbtags im Unternehmen halten.

Wenn die Vorteile auf beiden Seiten bekannter werden, werden sich Zeitwertkonten vor allem in kleinen und mittleren Unternehmen in den nächsten Jahren durchsetzen. Eine Voraussetzung für die weitere Verbreitung von Zeitwertkonten ist allerdings, dass die Anbieter von Zeitwertkonten standardisierte und einfach zu handhabende Komplettlösung anbieten, die sich noch einfacher als jetzt und mit noch weniger Aufwand in die betriebliche Personalverwaltung integrieren lassen.

6 Literaturverzeichnis

- AGG (2013): Allgemeines Gleichbehandlungsgesetz vom 14. August 2006 (BGBl. I S. 1897), das zuletzt durch Artikel 8 des Gesetzes vom 3. April 2013 (BGBl. I S. 610) geändert worden ist. Abgerufen am 30.06.2013 um 17:32 Uhr unter http://www.gesetze-im-internet.de/agg/
- Allianz (2012): Merkblatt Bilanzierung von Verpflichtungen aus Langzeitkonten LKZ_VRR, Stand: Juli 2012. Allianz Lebensversicherungs-AG, München
- Alt, S. (2013): Newsletter AGZWK, Fachkreis Steuern und Bilanzen, 1. Quartal 2013.ZWK Arbeitsgemeinschaft Zeitwertkonten e.V., Frankfurt am Main
- Baier, M. (2013): Vorlesungsskript „Einführung in die Thematik Zeitwertkonten", FH Koblenz, Campus Institut Oberhaching
- Bechtoldt, M. und J. May (2012): Zeitwertkonten. Wie Sie Langzeitkontenmodelle richtig gestalten. Haufe Verlag, Freiburg
- BetrAVG (2008): § 3, Betriebsrentengesetz vom 19. Dezember 1974 (BGBl. I S. 3610), das zuletzt durch Artikel 4e des Gesetzes vom 21. Dezember 2008 (BGBl. I S. 2940) geändert worden ist, abgerufen am 02.10.2013 um 21:10 Uhr unter http://www. gesetze-im-internet.de/bundesrecht/betravg /gesamt.pdf
- BFH (2012): Urteil vom 5.7.2012, VI R 10/11. Abgerufen am 1.7.2013 um 21:10 Uhr unter www. http://juris. bundesfinanzhof.de /cgi-bin/rechtsprechung /druckvorschau.py? Gericht=bfh& Art=en&nr=27255
- Biersack, W., Kettner, A., Reinberg, A. und F. Schreyer (2008): In IAB Kurzbericht 18/2008: Akademiker/innen auf dem Arbeitsmarkt. Institut für Arbeitsmarkt und Berufsforschung. W. Bertelsmann Verlag, Bielefeld. Abrufbar unter www.iab.de
- BMAS (3013): Verzeichnis der für allgemeinverbindlich erklärten Tarifverträge. Abgerufen am 01.06.2013 um 15:00 Uhr unter www.bmas.de/SharedDocs /Downloads/DE/PDF-Publikationen-DinA4/arbeitsrecht-verzeichnis-allgemeinverbindlicher-tarifvertraege.html

- BMF (1999): Schreiben vom 11.11.1999, IV C2 – S 2176-102/99. Rückstellungen für die Verpflichtung zur Gewährung von Vergütungen für die Zeit der Arbeitsfreistellungen vor Ausscheiden aus dem Dienstverhältnis, Jahreszusatzleistungen in Jahr des Eintritts des Versorgungsfalls
- BMF (2009): Schreiben vom 17.06.2009, IV C 5 – S 2332/07/0004, Lohn- /einkommensteuerliche Behandlung sowie Voraussetzung für die steuerliche Anerkennung von Zeitwertkonten Modellen
- BMF (2013): BMF Schreiben vom 24.07.2013, IV C 3 – S 2015/11/10002. Steuerliche Förderung der privaten und betrieblichen Altersvorsorge
- BSG (1990): Keine Beitragspflicht in der Sozialversicherungspflicht für echte Abfindungen. Der Betrieb vom 27.07.1990, Heft 30, S. 1520 f. DB 0086299
- Dernberger, M. (2012): Das Lebensarbeitszeitmodell: Eine interessante Alternative für Führungskräfte. Kompendium betriebliche Altersvorsorge 2012. Deutsches Institut für Altersvorsorge, Köln, S. 68-71
- Dernberger, M. (2013): Persönliche Mitteilung an den Verfasser. compertis Beratungsgesellschaft für betriebliches Vorsorgemanagement mbH, Wiesbaden
- DRV Bund (2012): DRV Schriftenreihe 22, Rentenversicherung in Zeitreihen. Abgerufen am 30.05.2013 um 21:30 Uhr unter http://www.deutsche-rentenversicherung.de/cae/servlet/contentblob/ 238700/ publicationFile/50912/03_rv_in_zeitreihen.pdf
- DRV Bund (2013 a): www.deutsche-Rentenversicherung.de/Bund/de/Inhalt /5_Services/ 04_formulare_antraege/_pdf/V9110.html, abgerufen am 05.04.2013 um 21:00 Uhr
- DRV Bund (2013 b): www.deutsche-rentenversicherung.de/cae/servlet /contentblob/217250/ publicationFile/54509/V9120.pdf, abgerufen am 05.04.2013 um 21:00 Uhr

› DRV Bund (2013 c): Rente: So wird sie berechnet – alte Bundesländer –14. Auflage 7/2013.Nr. 204, abgerufen am 01.09.2013 um 15:30 Uhr unter: http://www.deutsche-rentenversicherung.de/Allgemein/de/Inhalt/5_Services/03_broschueren_und_mehr/ 01_broschueren/01_national/rente_so_wird_sie_berechnet_alte_bundeslaender.html

› DRV Bund (2013 d): Die richtige Altersrente für Sie. 8. Auflage 5/2013, abgerufen am 01.09.2013 um 15:30 Uhr unter: http://www.deutscherentenversicherung.de/cae/servlet/contentblob/258148/publicationFile/58151/die_richtige_altersrente_fuer_sie.pdf

› Ellguth, P., Gerner, H.-G. und I. Zapf (2013): In: Institut für Arbeitsmark- und Berufsforschung (Hrsg.) IAB-Kurzbericht Nr. 3, Februar 2013. W. Bertelsmann Verlag Bielefeld. Abrufbar unter www.iab.de

› Fidelity (Hrsg.) (2007): Ergebnisse der Umfrage zum Thema Zeitwertkonten und betriebliche Altersvorsorge. Abgerufen am 30.05.2013 um 20:15 Uhr unter: www.dia-vorsorge.de

› Finanzgericht Düsseldorf (2012): 4-K-2834/11-AO vom 21.03.2012, Abgerufen am 25.06.2012 unter: http://www.justiz.nrw.de/nrwe/fgs/duesseldorf/j2012/4_K_2834_11_AOurteil20120321.html

› Finanzgericht Hessen (2012): 1-K-250/11 vom 19.01.2013, DB 0482547; siehe auch: „Zahlungen“ einer GmbH auf ein Zeitwertkonto, Der Betrieb vom 29.06.2012, DB 0482610. Auch abrufbar unter. www.lareda.hessenrecht.hessen.de

› Finanzgericht Münster (2013): 12-K-3812/10E vom 13.03.2013, Der Betrieb vom 24.05.2013, S. 14, DB 0593355

› Flexi II (2008): Gesetz zur Verbesserung der Rahmenbedingungen für die Absicherung flexibler Arbeitszeitregelungen und zur Änderung anderer Gesetze vom 21.12.2008. Bundesgesetzblatt Teil 1, 29.12.2009, Nr. 64, S. 2940. Abrufbar unter www.rechtliches.de/info_Gesetz_zur_Verbesserung_der_ Rahmenbedingungen_fuer_die_Absicherung_flexibler_Arbeitszeitregelungen_und_zur_Aenderung_anderer_Gesetze.html

› Gesamtverband textil+mode (2010): www.textil-mode.de/deutsch/Themen/ Tarifpolitik/E2901html, abgerufen am 01.07.2013, 16:39 Uhr

- Heger H.-J. und T. Weppeler (2012): In: Wysocki, K. v., J. Schulze-Osterloh, J. Hennrichs und C. Kuhner (Hrsg.): Handbuch des Jahresabschlusses (HdJ), Rechnungslegung nach HGB und internationalen Standards, Abt. III, 7.B.I Mit Altersvorsorgeverpflichtungen vergleichbare langfristig fällige Verpflichtungen. DB 0430840. Verlag Dr. Otto Schmidt
- Höfer, R. (2012): Betriebsrentenrecht. Kommentar, Band 1: Arbeitsrecht, 13. Auflage, Verlag Vahlen, München
- Höfer, R. und M. Meißner (2004): Altersteilzeitguthaben – Insolvenzsicherungsvarianten und deren Auswirkungen auf die Bilanzstruktur nach HGB, IFRS und US-GAAP. Der Betrieb 39, S. 2057 ff., DB 0072107
- IDW (Hrsg.) (2011): IDW Stellungnahme zur Rechnungslegung: Handelsrechtliche Bilanzierung von Altersvorsorgeverpflichtungen (IDW RS HFA 30), 10.06.2011. IDW Verlag GmbH, Düsseldorf
- JPMorgan Asset Management (Hrsg.) (2008): Betriebliche Vorsorgeprogramme für deutsche Konzerne immer wichtiger. Abgerufen am 30.05.2013 um 19:30 Uhr unter http://www.dailynet.de/Wirtschaft/28917.php
- kiwisaver (2013): abgerufen am 1.6.2012 um 18:00 Uhr unter: http://www.kiwisaver.govt.nz
- Klemm, B. (2010): Wertguthaben bei Gutverdienern. Personalmagazin 4/2010, Haufe, Freiburg
- Kümmerle, K. und S. Beste (2009): Stellungnahme der AGZWK zum neuen Wertguthabenbegriff. Stand 18.12.2009. ZWK Arbeitsgemeinschaft Zeitwertkonten e.V., Frankfurt am Main
- Kümmerle, K. und S. Beste, (2010): Bestimmung des enthaltenen AG-Anteils im Wertguthaben. Lohn und Gehalt, April 2010, S. 16 ff., Verlagsgruppe Hüthig Jehle Rehm GmbH, Frechen
- Kümmerle, K. und S. Beste (2011): Newsletter AGZWK-Fachkreis Arbeits- und Sozialversicherungsrecht. 4. Quartal 2010. ZWK Arbeitsgemeinschaft Zeitwertkonten e.V., Frankfurt am Main

- Kümmerle, K. Buttler, A. und M. Keller (2009): Betriebliche Zeitwertkonten. Einführung und Gestaltung in der Praxis. 2. Auflage. rehm, Heidelberg
- Manthey, M. (2013): Schriftliche Auskunft der DRV Bund an den Verfasser, 25.06.2013, unveröffentlicht. Deutsche Rentenversicherung Bund, Bereich Wertguthaben, Berlin
- Marian, S. (2011): Opting-Out-Modelle. In: Meissner, H.(Hrsg.): Praxishandbuch Betriebliche Altersvorsorge. Gruppe 6, S. 229 ff., Wolters Kluwer, Münster
- LAG Bremen (2011) Urteil vom 22.06.2011 – 2 Sa 76/10. Abgerufen am 21.09.2013 um 20:00 Uhr unter: www.landesarbeitsgericht.bremen.de/sixcms/media.php/13/2Sa76-10.pdf
- Öchsner, T. (2013): Facharbeiter verzweifelt gesucht. Süddeutsche Zeitung vom 07.05.2013.abgerufen am 31.05.2013 um 21:15 Uhr unter: www.sued-deutsche.de/karriere/2.220/studie-zum-fachkraeftemangel
- Plenker, J. (2009): Lohn- / einkommenssteuerliche Behandlung sowie Voraussetzung für die steuerliche Anerkennung von Zeitwertkonten-Modellen. Der Betrieb 27, S. 1430 ff., DB 0330157
- Riedmann, A., Kümmerling, A. und H. Seifert (2011): Evaluation des Gesetzes zur Verbesserung der Rahmenbedingungen für die Absicherung flexibler Arbeitszeitregelungen („Flexi II"-Gesetz), BMAS, Forschungsbericht 418, S. 150 ff. Abgerufen am 30.05.2013 um 14:00 Uhr unter http://www.bmas.de/DE/Service/Publikationen/Forschungsberichte/fb418-flexi-II.html
- Rundschreiben GKV-Spitzenverband (2009): 31.03.2009, Berlin. Abgerufen am 08.04.2013 um 21:00 Uhr unter: http://www.aok-business.de/fachthemen/ rundschreiben/jahr-2009
- Rundschreiben GKV-Spitzenverband (2010): 13.04.2010, Berlin. Abgerufen am 08.04.2010 um 21:00 Uhr unter: http://www.aok-business.de/fachthemen/ rundschreiben/jahr-2010

- RV-Altersgrenzenanpassungsgesetz (2007): Bundesgesetzblatt Jahrgang 2007, Teil 1, Nr. 16, S. 554 ff. Gesetz zur Anpassung der Regelaltersgrenze an die demografische Entwicklung und zur Stärkung der Finanzierungsgrundlagen der gesetzlichen Rentenversicherung. Abgerufen am 07.07.2013 um 18:00 unter: www.altersvorsorge.de/docme/anlagethemen/altersvorsorge/informieren/Informieren_VorsorgeWissen_Gesetze/1_Altersgrenzenanpassungs-gesetz.pdf
- Sonnet, C. (2012): Generation Y-Mehr Leichtigkeit im Arbeitsleben. Abgerufen am 25.06.2013 um 21:00 Uhr unter: http://www.karriere.de/karriere/mehr-leichtigkeit-im-arbeitsleben-164497/
- Sozialgesetzbuch (SGB) Viertes Buch (IV) - Gemeinsame Vorschriften für die Sozialversicherung - (Artikel I des Gesetzes vom 23. Dezember 1976, BGBl. I S. 3845) Neugefasst durch Bek. v. 12.11.2009 I 3710, 3973; 2011 I 363, zuletzt geändert durch Art. 4 Abs. 2 G v. 20.4.2013 I 868, § 7b Nr.5. Abgerufen am 25.06.2013 um 20:00 Uhr unter www.juris.de
- Sozialversicherungsentgeltverordnung (2012): Sozialversicherungsentgeltverordnung vom 21. Dezember 2006 (BGBl. I S. 3385), die zuletzt durch Artikel 1 der Verordnung vom 19. Dezember 2012 (BGBl. I S. 2714) geändert worden ist. Abgerufen am 25.06.2013 um 17:30 Uhr unter: http://www.gesetze-im-internet.de/bundesrecht/svev/gesamt.pdf

- Sozialversicherungsrechengrößenverordnung (2013): Verordnung über die maßgebende Rechengröße der Sozialversicherung für 2013 vom 26. November 2012, BGBl. I, S. 2361. Abgerufen am 05.04.2013 um 20:15 Uhr unter: http://www.gesetze-im-internet.de/svbezgrv_2013
- Uckermann. S. (2009): Betriebliche Altersversorgung und Zeitwertkonten. 1. Auflage, Schäffer-Poeschel Verlag, Stuttgart, S. 282
- Werle, K. (2012): Abgerufen am 25.6.2013 um 21:00 Uhr unter: http://www.spiegel.de/karriere/berufsstart/fachkraefte-war-for-talents-und-erwartungen-der-generation-y-a-829778.html
- Zamponi, R. (2010): Hamburg droht Akademiker Mangel. Abgerufen am 01.06.2013 um 21:00 Uhr unter http://www.abendblatt.de/wirtschaft /article1397817/Hamburg-droht-Akademiker-Mangel.html

7 Anhang „Präsentation beim Arbeitgeber“

Einrichtung von Zeitwertkonten

01.10.2013
Dr. Stefan Wohlleben

Betriebliche Zeitwertkonten

- **Motivation, Identifikation, Bindung von Fachkräften**

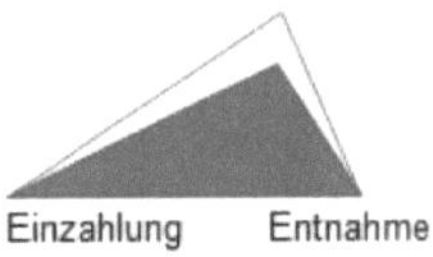

- **Vorzeitiger Ruhestand, Sabattical, Familienzeit, Fortbildung**

erstellt von: Dr. S. Wohlleben, 01.10.2013

Vorstellungen junger Berufstätiger

- Entwicklungsmöglichkeiten, attraktiver Arbeitgeber
- Kollegialität, Wertschätzung, Weiterbildung
- Work-Life-Balance
- Sicherheit, Chancengleichheit
- Unternehmenserfolg
- Hohes Einstiegsgehalt

erstellt von: Dr. S. Wohlleben, 01.10.2013

Betriebliche Zeitwertkonten

- Zeitwertkonten =
  Lebensarbeitszeitkonten im Sinne von § 7ff. SGB IV
- Einbringung von Arbeitsentgelt + Arbeitgeberanteil am SV-Beitrag (§ 7d SGB IV)
- Entnahme in Zeiten der Freistellung oder Verringerung der Arbeitszeit

erstellt von: Dr. S. Wohlleben, 01.10.2013

Betriebliche Zeitwertkonten

- Wertguthaben = Arbeitsentgelt + Arbeitgeberanteil am SV-Beitrag (§ 7d SGB IV)
- Seit 1.1.2009: Wertguthaben werden nur noch als Entgelt geführt (§ 7d SGB IV)
- Einbringung: kein Zufluss von Arbeitslohn
  (BMF 17.06.2009) => steuer- und sv-frei

erstellt von: Dr. S. Wohlleben, 01.10.2013

Einbringungsmöglichkeiten

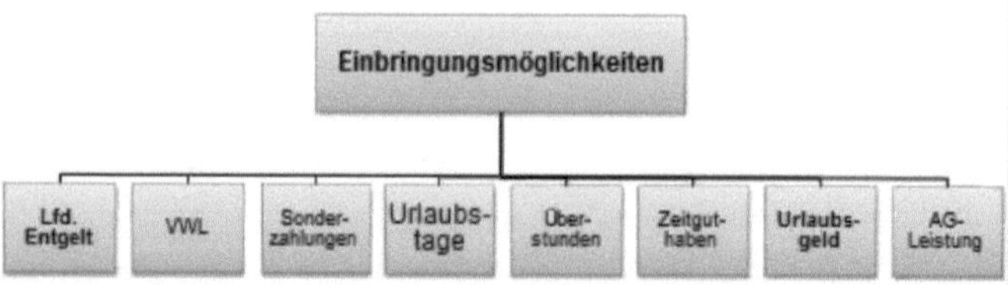

erstellt von: Dr. S. Wohlleben, 01.10.2013

Verwendungsmöglichkeiten (§ 7c SGB IV)

- Gesetzlich geregelt: vollständige o. teilweise Freistellung nach
  - Pflegezeitgesetz
  - Bundeselterngeldgesetz
  - Teilzeit- und Befristungsgesetz
- Vertraglich vereinbart:
  - unmittelbar vor der Altersrente SGB VI
  - Qualifizierungsmaßnahmen
- Gesetzliche Regelung kann abgeändert werden

erstellt von: Dr. S. Wohlleben, 01.10.2013

Verwendungsmöglichkeiten

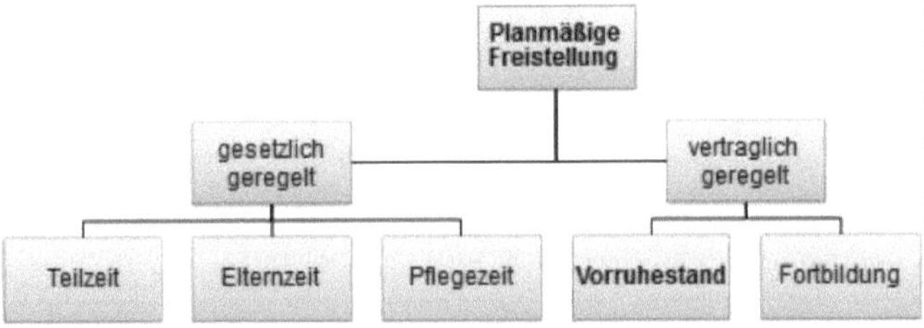

erstellt von: Dr. S. Wohlleben, 01.10.2013

Vorzeitiges Ausscheiden - Störfall

- Kündigung, Aufhebungsvertrag, Erwerbsminderung, Tod, Insolvenz

- ✓ Gesonderte Störfallabrechnung wird über das Verwaltungsportal erstellt
- ✓ Vorteil Arbeitnehmer: Nutzung der Fünftelungsregelung
- ✓ Alternativ: Übertragung auf den Folgearbeitgeber oder die gesetzliche Rentenversicherung

erstellt von: Dr. S. Wohlleben, 01.10.2013

Steuern und Bilanz (HGB, IFRS, Steuerbilanz)

- HGB
- Rückstellung nach § 249 Abs.1
- Erfüllungsbetrag nach § 253 HGB = eingebrachtes Entgelt + SV-Beiträge des AG + Verzinsung
- Kapitalanlagen ZWK sind immer Insolvenzschutzgeschützt, entsprechen § 249 Abs. 2 Satz 2 HGB => Verrechnung mit Rückstellungen
- Saldierung, kein Bilanzausweis

erstellt von: Dr. S. Wohlleben, 01.10.2013

Steuern und Bilanz (HGB, IFRS, Steuerbilanz)

Aktiva		Passiva	
Anlagevermögen	100.000	Eigenkapital	150.000
Gebäude	...	Rücklagen	...
Sonstiges AV	...	Gewinn	...
Umlaufvermögen	100.000	Fremdkapital	50.000
Aktivwert Versicherung	*5.000*	kurzfristiges FK	...
Forderungen	...	langfristiges FK	...
Bank	...	*Rückstellungen*	*5.000*
Bilanzsumme	200.000	Bilanzsumme	200.000

erstellt von: Dr. S. Wohlleben, 01.10.2013

Steuern und Bilanz (HGB, IFRS, Steuerbilanz)

- Bilanzierung von LAZ-Konten nach IFRS entspricht der HGB-Bilanzierung
- Passivseite: „other long-term employee benefits"
- Aktivseite: saldierungsfähige „Plan Assets" durch Verpfändung
- Exakte Übereinstimmung zwischen dem Zeitwert der Versicherungspolice und Zusage
- Folglich: Keine Bilanzberührung

erstellt von: Dr. S. Wohlleben, 01.10.2013

Steuern und Bilanz (HGB, IFRS, **Steuerbilanz**)

- § 6a EStG Abs.1 Nr. 3a Buchstabe e: Abzinsung 5,5 %
- Ein ZWK mit zugesagter Verzinsung:
  keine Abzinsung vorzunehmen, die Höhe des Wertguthabens und der Rückstellungen entsprechen sich
- Saldierungsverbot

erstellt von: Dr. S. Wohlleben, 01.10.2013

Übergang in den Ruhestand

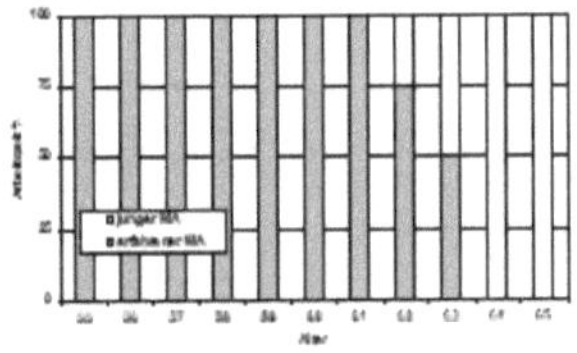

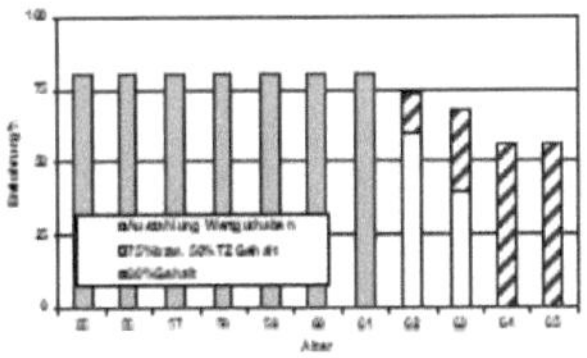

erstellt von: Dr. S. Wohlleben, 01.10.2013

Freistellung für den Vorruhestand: Einbringung ab 35

Alter bei ZWK-Einrichtung	Einbringung vom Jahresbruttogehalt	Auszahlung aus dem Wertguthaben	Alter / Freistellungsmonate 61	62	63	54	65	66
34	5%	70% Gehalt	35,1	36,9	38,7			
		100% Gehalt	24,5	25,8	27,1	28,4		
		130% Gehalt	18,9	19,8	20,8	21,9	22,9	
	7,5%	70% Gehalt	54,0	56,8				
		100% Gehalt	37,8	39,8	41,7			
		130% Gehalt	29,1	30,6	32,1	33,7		

erstellt von: Dr. S. Wohlleben, 01.10.2013

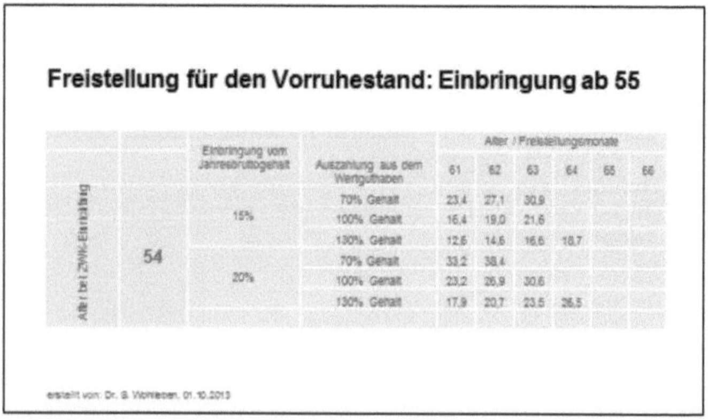

Freistellung für den Vorruhestand: Einbringung ab 55

Alter bei ZWK-Eintritt		Einbringung vom Jahresbruttogehalt	Auszahlung aus dem Wertguthaben	Alter / Freistellungsmonate					
				61	62	63	64	65	66
	54	15%	70% Gehalt	23,4	27,1	30,9			
			100% Gehalt	16,4	19,0	21,6			
			130% Gehalt	12,6	14,6	16,6	18,7		
		20%	70% Gehalt	33,2	38,4				
			100% Gehalt	23,2	26,9	30,6			
			130% Gehalt	17,9	20,7	23,5	26,5		

erstellt von: Dr. S. Wohlleben, 01.10.2013

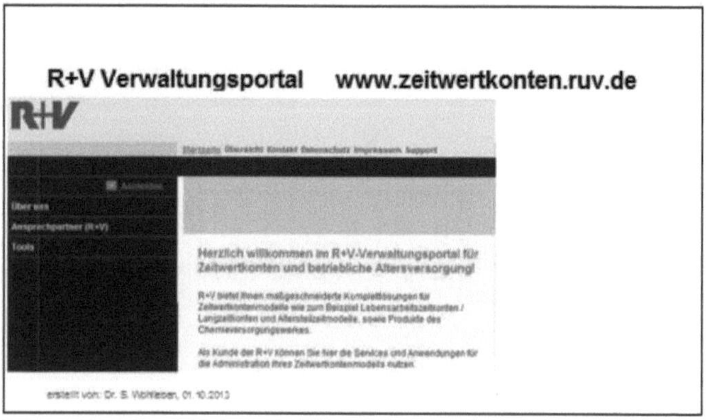

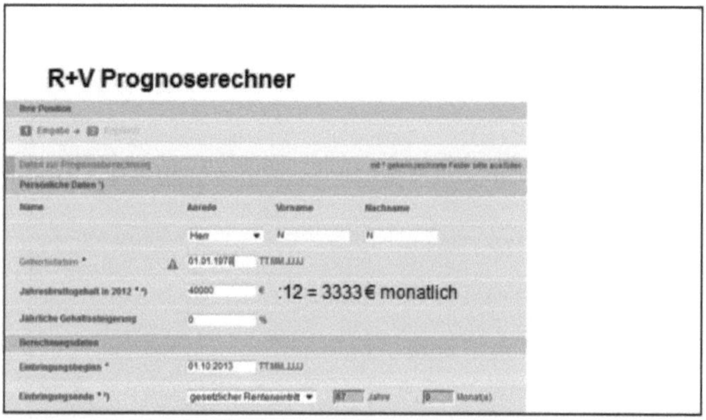

R+V Prognoserechner

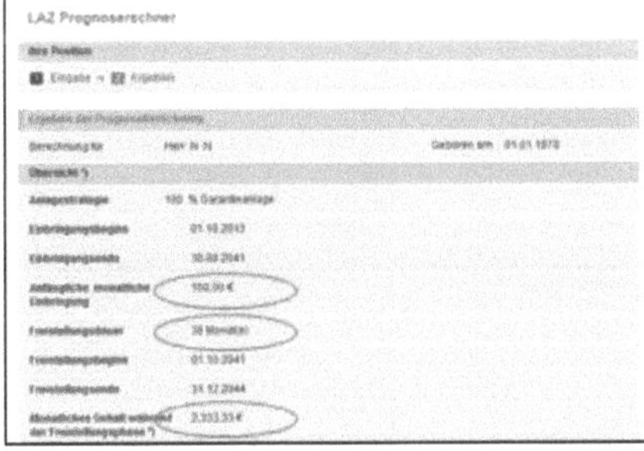

R+V Verwaltungsportal

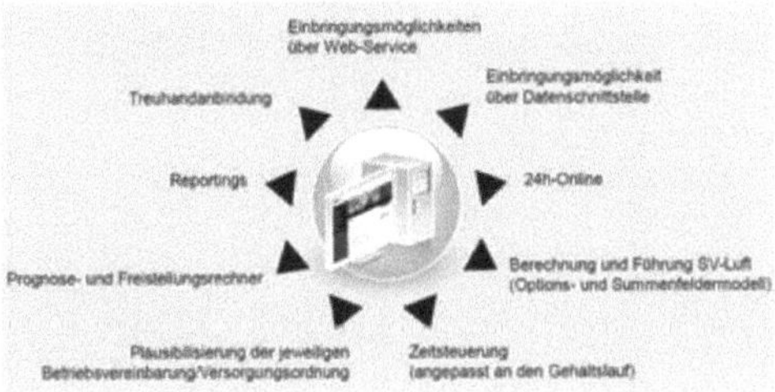

erstellt von: Dr. S. Wohlleben, 01.10.2013

Abgrenzung bAV

- Kein Rechtsanspruch für Mitarbeiter
- Der Arbeitgeber entscheidet über die Einführung
- Umsetzbar im Betrieb über
  - Einzelvertragliche Vereinbarung
  - Betriebsvereinbarung
  - Tarifvertrag

erstellt von: Dr. S. Wohlleben, 01.10.2013

Wertguthabenverwendung

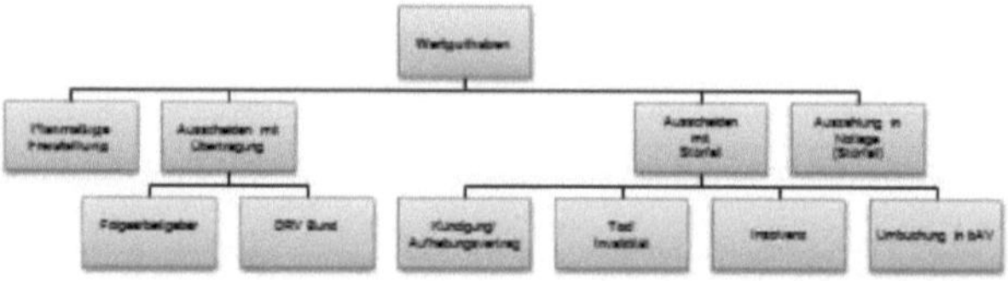

erstellt von: Dr. B. Wohlleben, 01.10.2013

Laufende Auszahlung bei Freistellung

- Einkünfte aus nichtselbständiger Arbeit (§19 EStG, BMF 17.6.2009)
- Abzüglich Arbeitnehmerpauschbetrag (§ 9a EStG = 102 €)
- Kein Versorgungsfreibetrag (§19 Abs. 2 EStG)
- sv-pflichtig lt. den dann gültigen Beitragssätzen der SV-Sparte (z.B. KV heute: 15,5 % = 7,3 % AG + 8,2 % AN)

erstellt von: Dr. B. Wohlleben, 01.10.2013

Vorzeitiges Ausscheiden

- Wegen Kündigung, Insolvenz, Ausscheiden aus Altersgründen: Restkapitalauszahlung
- Anwendung von §34 EStG (Fünftelungsregelung; Bestand > 12 Monate)

zvE:	35000 €	EkSt: 9000 €
zvE zzgl. 1/5 Wertguthaben:	45000 €	EkSt: 13000 €
Differenz		EkSt: 4000 €
Ges. EkSt (9000 € + 5x4000 €)		EkSt 29.000 €
EkSt ohne § 34 EStG (85.000 €)		EkSt 33.000 €
Steuerersparnis ca.		4.000 €

erstellt von: Dr. B. Wohlleben, 01.10.2013

Vorzeitiges Ausscheiden

- **Kein Störfall:**
- Übertragung auf **neuen AG** möglich, 6 Monatsfrist, kein Rechtsanspruch
- Übertragung auf **DRV Bund**: mind. 6 x Bezugsgröße SGB IV (6*2695 = 16.1770 €)
- Keine Rückübertragung, getrennte Verwaltung, keine Rente
- DRV als „Ersatzarbeitgeber"
- Auszahlung bei Existenzbedrohender Notlage möglich (BMF 17.06.2009)

erstellt von: Dr. S. Wohlleben 01.10.2013

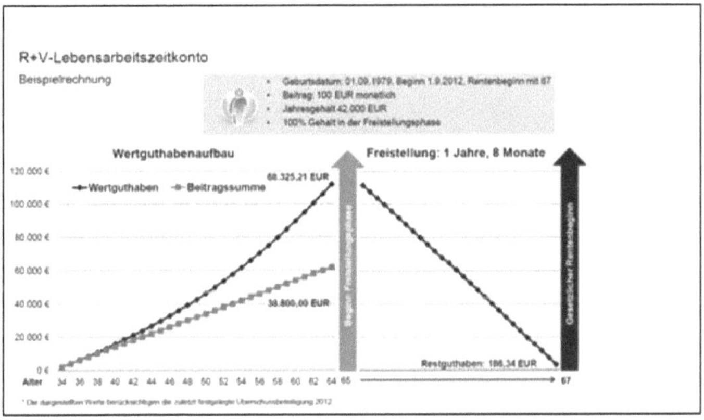

Betriebliche Zeitwertkonten

- Vielen Dank für Ihre Aufmerksamkeit!

erstellt von: Dr. S. Wohlleben 01.10.2013

8 Anhang „Mitarbeiterinformation“

Lebensarbeitszeitkonto, was ist das?

Ein Teil Ihres Entgelts können Sie als Mitarbeiter von ___ ab dem __.__.___ in ein Lebensarbeitszeitkonto einbringen.

Ihr Entgelt wird dort sicher angelegt und kann nur an Sie ausgezahlt werden.

Das Guthaben kann für spätere Freistellungsphasen verwendet werden in denen Sie weiterhin angestellt sind und Ihr Gehalt aus dem Guthaben gezahlt wird. Die Dauer der Freistellung hängt also von angesparten Guthaben und vom Gehalt während der Freistellung ab. Das Freistellungsgehalt darf um maximal 30 % vom vorherigen Gehalt abweichen.

Wofür kann das Zeitwertkonto verwendet werden?

Das Guthaben kann immer zur Finanzierung des **Vorruhestands** (z.B. Rente ab 62) verwendet werden. Die Finanzierung anderer Freistellungszwecke (z.B. Fortbildung oder Elternzeit) ist ebenfalls möglich

Flexibel einzahlen

Sie könne Ihre Einzahlung jährlich erhöhen, reduzieren oder ganz stoppen! Sie können jedes Jahr neu festlegen ob Sie Sonderzahlungen einbringen!

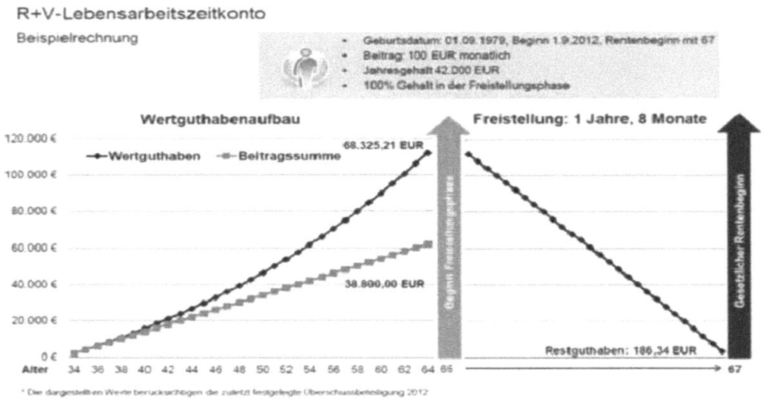

Was passiert, wenn ich das Unternehmen verlasse?

Es bestehen für Sie generell folgende Möglichkeiten:

- Auszahlung des Kapitals
- Übertragung auf den Folgearbeitgeber
- Übertragung auf die gesetzliche Rentenversicherung

Das Kapital wird Ihnen mit Verzinsung ausgezahlt, **Verluste** sind durch die Garantieverzinsung **ausgeschlossen**!

Beispielberechnungen

ab Alter **34**:
38 Monate Vorruhestand mit 70 % Gehalt wenn Sie 5% des Bruttogehalts einbringen

ab Alter **44**:
24 Monate Freistellung mit 70 % Gehalt wenn Sie 5 % des Bruttogehalts einbringen

ab Alter **54**:
22 Monate Freistellung mit 70 % Gehalt wenn Sie 10 % des Bruttogehalts einbringen

ab Alter **54**:
38 Monate Freistellung mit 70 % Gehalt wenn Sie 20 % des Bruttogehalts einbringen

Welche Vorteile habe ich als Arbeitnehmer?

Einzahlung aus dem Bruttogehalt	steuer- und sozialversicherungsfrei, Sie verzichten jetzt z.B. auf 120 € monatlich und können damit 200 € sparen
Höherer Zinseszinseffekt	Durch höhere Einzahlung aus dem Brutto haben Sie einen höheren Zinseszinseffekt
Kein Rentenabschlag durch vorgezogene Altersrente	3 Jahre vorgezogene Rente bedeuten über 10 % weniger Rente. Durch ein LAZ können Sie ohne Abschläge in Rente gehen.
Keine Rentenabschläge durch Verlust von Entgeltpunkten	Vorgezogene Rente bedeutet Rentenabschläge da Sie nicht mehr in die Rentenkasse einzahlen (bei mittlerem Gehalt ca. 140 € weniger Rente) Durch ein LAZ entstehen keine Abschläge.
Sichere Kapitalanlage	Das Kapital ist sicher angelegt und kann nur an Sie ausgezahlt werden.
Flexible Einzahlung	Glättung von Steuerspitzen, keine langfristige Bindung
Flexible Verwendung	Freistellung oder Kapitalauszahlung

Weitere Informationen erhalten Sie bei:
Berater Beispiel

12345 Musterhausen
Tel 01111 / 111/11111
Email@Muster.de

Einführung von

Lebensarbeitszeitkonten

bei der XX GmbH

FIRMENLOGO

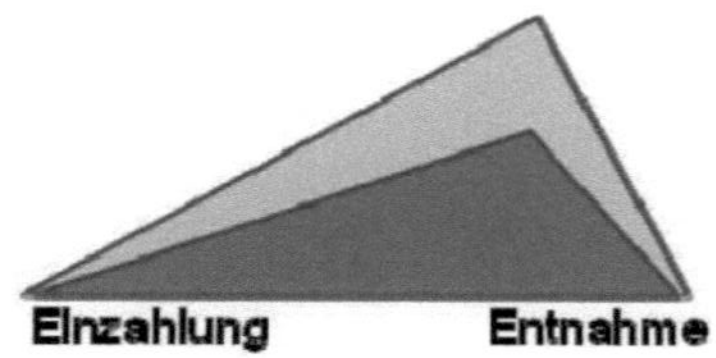